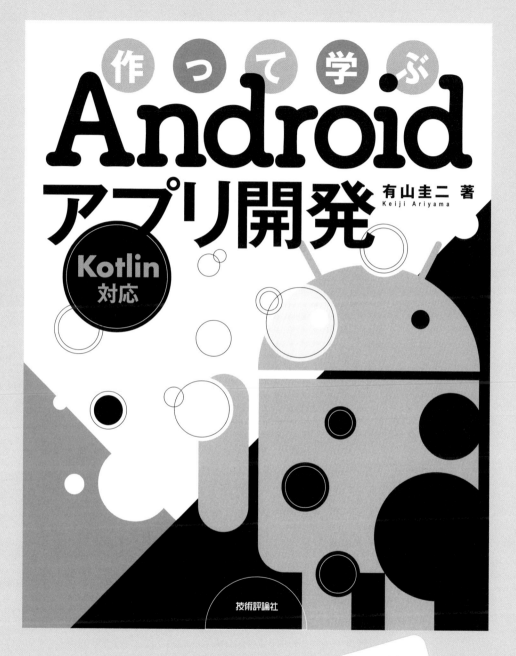

作って学ぶ
Android
アプリ開発

Kotlin 対応

有山圭二 著
Keiji Ariyama

技術評論社

JN011613

▶Android Studioのインストールについて

本書が題材にしている「Android Studio」は、短い期間でバージョンアップを続けています。そのため、本書の記述どおりに進めても、画面の表示内容が異なったり、関連ファイルが探しづらいときがあり、完了できない場合などがあります。

つきましては、本書のサポートページの補足情報なども参考にして読み進めていただくことをお勧めいたします。また、本書に記載した情報の修正や、サンプルコードをダウンロードできます。

・作って学ぶAndroidアプリ開発［Kotlin対応］：サポートページ
https://gihyo.jp/book/2020/978-4-297-11343-8/support

なお、本書で利用している各ソフトウェアのバージョンは、「本書について」（P. 4）に掲載しています。

はじめに

　Androidアプリ開発は、はじめるのは簡単、習得は困難。筆者はそう考えています。

　Androidアプリ開発は、ネットワークに接続されたコンピューターがあれば、はじめられます。どこかに申請をして許可を得る必要も有償の開発ツールを購入する必要もありません。初期投資はほとんどなく簡単にはじめられます。

　一方で、Androidアプリ開発を習得するとなると話は変わってきます。Androidは、2008年に最初のバージョン「1.0」がリリースされてから2020年までの12年間で28回バージョンアップをしています。アプリ開発者は、それぞれのバージョンで使える機能を把握したうえでプログラムを書かなければなりません。

　Android Open Source Project（AOSP）を主導する米Google社も、状況を改善するためにバージョン毎の差異を吸収するライブラリ「Compatibility Library」の開発を始めました。現在「Android Jetpack」と名前を変えたライブラリを使うと、Androidのバージョンの差をなるべく意識せずに新しい機能を使うことができます。

　Jetpackは便利なライブラリですが、いいことばかりではありません。Jetpackは、分野や機能毎に細かく分かれています。アプリ開発者は、どのライブラリにどんな機能があるのか知っていなければなりません。また、AndroidのバージョンやJetpackに加えて、公式に用意されてはいないけれど利用するのが当たり前になっている、デファクトスタンダードの位置づけにあるライブラリについても、アプリ開発者は把握しておく必要があります。

　このような状況がAndroidアプリ開発の習得を難しくしています。

　本書のテーマは「モダンなAndroidアプリ開発の習得」です。

　本書で開発するアプリはたった1つです。開発の過程で、Androidアプリの基礎からさまざまなライブラリを使ったAndroidアプリの開発を学習します。

　本書を読むにあたっては、必ずしも使用するプログラム言語（Kotlin）の基本的な文法を理解している必要はありません。各ステップ毎に提示されたプログラムを追加したり、変更したり、削除したりして、アプリケーションを開発していきます。もちろん、Kotlinの基本的な文法やオブジェクト指向などをしていれば、より理解が深まることは言うまでもないでしょう。

　本書が、一人でも多くの、Androidアプリケーション開発を始める人の助けになることを願っています。

2020年3月

有山圭二

本書について

本書の構成

　本書は、次のような章で構成しています。Chapter 3以降は1つのアプリ開発を46ステップに分けて、Tipsなども交えながら実戦形式で解説しています。

- Chapter 1：開発をはじめる前に
- Chapter 2：Androidアプリ開発環境の構築
- Chapter 3：アプリの原型を作る
- Chapter 4：Web APIにアクセスする
- Chapter 5：アーキテクチャーとデザインを調整する
- Chapter 6：ユーザー固有の情報にアクセスする
- Chapter 7：FragmentとActivityを遷移する
- Chapter 8：データを送信する
- Chapter 9：OAuth 2.0を実装する
- Chapter 10：画像のアップロードとプロファイラーの活用

本書で利用している各ソフトウェアのバージョン

　本書で対応しているバージョンは、次のとおりです。

- Windows 10
- macOS Catalina
- Android Studio 3.6.1

　Android Studioは短い期間でバージョンアップを続けているので、本書をお読みになるタイミングによってはバージョンが異なる場合が考えられます。
　あなたが本書とまったく同じ環境で開発をしたい場合、次のサイトからAndroid Studioの各バージョンを入手できます。

- Android Studio download archives
  https://developer.android.com/studio/archive

本書でのプログラムの読み方

本書では、プログラムや関連ファイルは「リスト」として掲載しています。すでに作成したものに変更を加える場合は、これまでの行を削除して、新しい行を追加するように表記しています。例として、**リスト例**のように、白色の網掛けが削除する行、緑色の網掛けが追加する行を意味します。また、行末の丸数字（①）は、プログラムリスト下の説明番号を意味します。

リスト例：xxxxxx.sample.mastodonclient.MainFragment

```
    override fun onViewCreated(view: View, savedInstanceState: Bundle?) {
        super.onViewCreated(view, savedInstanceState)

        binding = DataBindingUtil.bind(view)
        binding?.button?.setOnClickListener {
            binding?.button?.text = "clicked"
-           val response = api.fetchPublicTimeline().string()    ← 削除する行
-           Log.d(TAG, response)
+           CoroutineScope(Dispatchers.IO).launch {              ← 追加する行
+               val response = api.fetchPublicTimeline().string()
+               Log.d(TAG, response)                                 ①
+               binding?.button?.text = response
+           }
        }
    }
```

①IO用のスレッドで非同期処理

本書サポートページとサンプルコードの入手方法

本書のサポートページでは、本書に記載した情報の修正や、サンプルコードをダウンロードすることができます。

・作って学ぶAndroidアプリ開発［Kotlin対応］
　https://gihyo.jp/book/2020/978-4-297-11343-8/support

目次

開発を
はじめる前に

本章では、初めてAndroidアプリを開発する方のために、基本的なことを解説しています。そもそもAndroidアプリとは何か、どういう流れなのか、何が必要なのかなどを説明しています。

1-1 Androidとは

Androidは、米Google社が中心となってオープンソースで開発しているソフトウェアプラットフォームです。

当初は携帯電話向けとされていましたが、今日ではタブレットやTV（Android TV）、車載システムに加えてウェアラブル（身につけるコンピューター）などのデバイス上でもAndroidが動いています。

2019年5月時点で、世界25億台以上のAndroid端末（デバイス）が利用されています[注1]。

1-2 Androidアプリケーションとは

Androidは、ソフトウェアのプラットフォーム（基盤）です。Androidの上でさまざまなソフトウェアを実行できます。

Androidの上で実行されるユーザーが操作するソフトウェアのことを「アプリケーション（アプリ）」と言います。

普段あまり意識をしていないかも知れませんが、皆さんもスマートフォンでさまざまなアプリを利用しています。たとえば、写真を撮影するときのことを思い出してください。

Androidのホーム画面に並んでいるアプリの中から「カメラ」のアイコンをタップすると、スマートフォンのカメラが写す映像が画面に表示（プレビュー）されます。これは「カメラ」というアプリが、スマートフォンのカメラにアクセスして取得した映像を画面に表示しています。

その他にも「カメラ」アプリは、ユーザーの操作に応じてカメラの映像をズーム（拡大）したり、映像を保存（撮影）したりします。

注1　Google 基調講演（Google I/O'19）**URL** https://youtu.be/lyRPyRKHO8M?t=3290

さまざまなアプリ

　スマートフォンのカメラ機能を使うアプリは1つだけではありません。撮影した画像にさまざまな装飾や効果を設定できるアプリ。プレビュー映像を解析して、笑顔の瞬間を撮影できるアプリなど、それぞれに特色のあるアプリがあります。また、バーコードやQRコードなどの二次元コードから情報を読み取るアプリなど、撮影以外の目的で作られたアプリもあります。

　カメラ機能から離れて考えてみると、たとえばインターネット上のサービスを使うためのアプリもあります。たくさんのサービスプロバイダーが、自社のサービスにWebブラウザを使ってアクセスするだけでなく、スマートフォンの機能を活用してより便利に使えるアプリを提供しています。

 # 1-3 Android アプリ開発

　アプリ開発とは、アプリを作成することをいいます。Androidをはじめとしたスマートフォンでは、自由度の高いアプリ開発ができます。

　AndroidやiOSといった今日、一般的となったプラットフォームが登場する以前、携帯電話で動作するアプリ開発は、お世辞にも自由度が高いとは言えないものでした。一般のアプリ開発者が使える機能は非常に限定されていて、制限を超えてデバイスを使おうとすれば、メーカーや携帯通信事業者から特別な許可を得る必要がありました。

　今日ではたくさんの開発者が自由にAndroidアプリを開発して、ユーザーに向けて配布することができます。。

　Androidには、基本的に「特別なアプリ開発者」は存在しません。

　セキュリティやプライバシーに関わる部分については限定されている部分もありますが、それらを除けば、Androidアプリ開発に仕事として関わっている人（プロフェッショナル）と、そうでない人で使える機能に差はありません。

 # 1-4 Android アプリの配布

　開発したアプリは「Googld Playストア」を通じて配布するのが一般的です。Google Playストアは、米Google社が運営しているアプリ配信プラットフォームです。

スマートフォンやタブレット、Android TVなどのAndroidデバイスには標準でGoogle Playストアにアクセスするためのアプリがインストールされています。

ユーザーは、Google Playストアを通じて、自分が欲しいアプリを探してインストールできます。

また、25ドルを支払って開発者登録をすれば、Google Playストアでアプリを配信することもできます。登録はすべてインターネット上で完了します。

配信するアプリには審査があります。基本的にはデバイスの機能を損なったり、ユーザーのプライバシーを侵害したり、説明と異なる動作をするなどのアプリは配信できません。詳細はGoogle Playストアの規約[注2]を参照してください。

1-5 Androidアプリ開発に必要なもの

Androidアプリ開発に特別な機材は必要ありません。最低限、ネットワークに接続されたコンピューター（macOS、Windows、Linux）があれば、アプリ開発を始めることができます。

実物のAndroidデバイス（実機と言います）を持っていなくても、動作を再現するソフトウェア（エミュレーター）が用意されているので、それを使って開発ができます。

注2　Google Play デベロッパー販売 / 配布契約
　　　URL https://play.google.com/intl/ALL_jp/about/developer-distribution-agreement.html

2

(Androidアプリ)
開発環境の構築

　本章では、Androidアプリを開発するために必要な準備を解説しています。Android Studioのインストールとセットアップ、エミュレーターと実機でのアプリの実行などを説明しています。

2-1 Android Studioとは

Android Studioは、Androidアプリ開発向けの統合開発環境（IDE：Integrated Development Environment）です。

チェコ JetBrains社の開発している InteliJ IDEAのオープンソース版をベースに「Android Open Source Project（AOSP）」が開発しています。

Android Studioは、無料で配布されています。Windows ／ macOS ／ Linux に対応しています。

2-2 開発環境のセットアップ

開発環境のセットアップは、次の手順で行います。

・ Android Studioのダウンロード
・ Android Studioをコンピューターにインストール
・ Android Studioのセットアップ
・ コンピューターのセットアップ

基本的にどのOSであっても大まかな手順は同じです。本書ではWindows/macOSを対象としています。

Android Studioのダウンロード

Android Studioのインストール用パッケージファイルをダウンロードします。
まずはじめに、次のURLにアクセスします。

・ https://developer.android.com/studio?hl=en

▶サイトの表示言語について

通常、言語設定が日本語のコンピューターからアクセスした場合、Android Studioの配布サイトも日本語で表示されていますが、筆者としては、英語版のサイトからダウンロードすることをお勧めします。

日本語版のサイトは翻訳の関係か時期によっては英語版より古い場合があります。以前、筆者が経験したことですが、日本語版のサイトからは最新のAndroid Studioが手に入らない（古いバージョンにリンクされている）というケースがありました。

本来であれば右上の言語選択で「English」を選択することで言語切り替えができるのですが、この方法は正常に機能しない場合があります。そこで本書では、URLに?hl=enを付けることで表示言語に英語を指定しています。

○図 2.2.1：

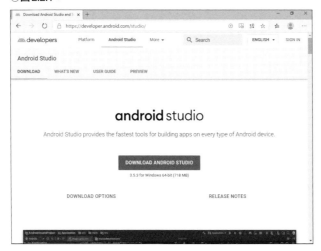

　次に、［DOWNLOAD ANDROID STUDIO］のボタンをクリックすると、Android Studioの利用規約が表示されます。表示言語が英語の場合、利用規約も英語で表示されます。日本語の利用規約は次のURLから表示できます。

URL https://developer.android.com/studio/terms?hl=ja

　利用規約を読んで、合意するなら［I have read and agree with the above terms and conditions（上記の利用規約を読んだうえで利用規約に同意します）］のチェックボックスをクリックします。［DOWNLOAD ANDROID STUDIO for *］クリックすると、Android Studioインストールパッケージのダウンロードが始まります。

○図 2.2.2：

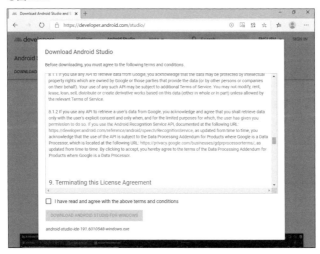

本稿執筆時点でAndroid Studioのインストールパッケージの容量は、macOS版で762MB、Windows版で749MBです。かならず定額・高速なネットワークに接続していることを確認してダウンロードしてください。

インストール

ダウンロードしたAndroid Studioをお使いのコンピューターにインストールします。

インストールの方法はお使いのコンピューターで動作するOSで異なります。ここからはWindows 10とmacOSのインストール方法を解説します。

▶Windows 10の場合

ダウンロードしたインストールパッケージ「AndroidStudio-*version*.exe」をダブルクリックするなどして実行すると、インストーラーが起動します。

○図2.2.3：

インストールするコンポーネントを指定します。はじめてAndroid Studioをインストールするのであれば特に変更の必要はありません。［Next］をクリックします。

○図2.2.4：

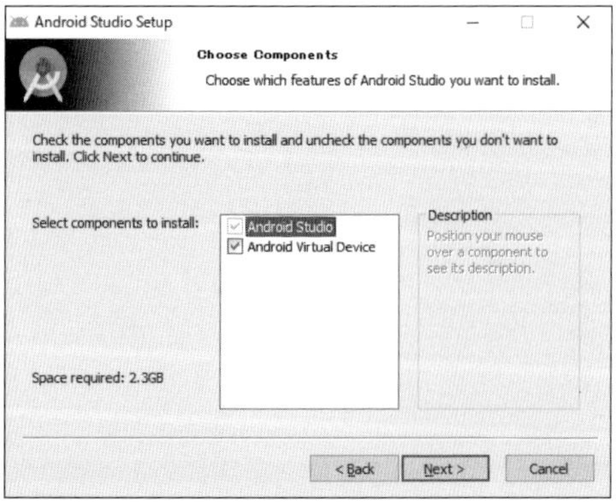

　Android Studioをインストールする場所を指定します。通常は初期状態で問題は起きないので、確認して［Next］をクリックします。

○図2.2.5：

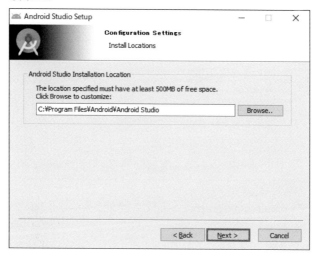

　Android Studioの起動メニューを登録するスタートメニューのフォルダーを指定します。こちらも通常は変更する必要がありません。確認して［Install］をクリックすると、ここまでの設定でAndroid Studioのインストールを行います。

○図2.2.6：

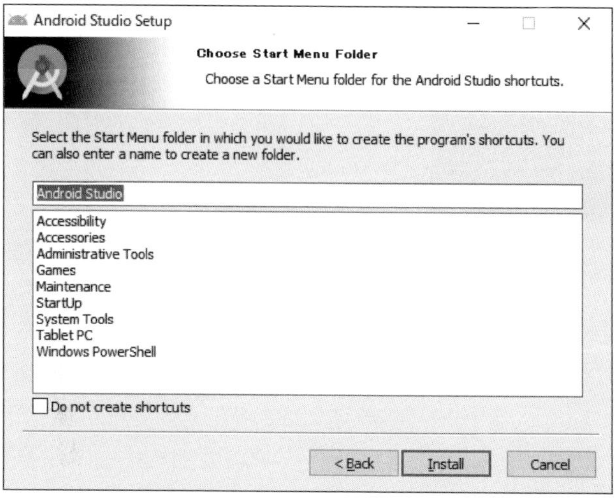

インストール処理には時間がかかります。「Completed」と表示されたら［Next］をクリックします。

○図2.2.7：

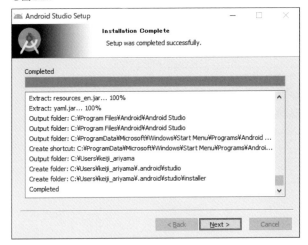

　画面が切り替わってCompleting Android Studioの画面が表示されれば、インストールは完了です。

○図2.2.8：

　[Start Android Studio] のチェックボックスにチェックが入っていることを確認して[Finish] をクリックすると、インストーラーは終了して、続いてAndroid Studioが起動します。

▶macOSの場合

　ダウンロードしたインストールパッケージ「AndroidStudio-*version*.dmg」を実行すると、インストール画面が表示されます。

○図2.2.9：

　左側のAndroid Studioのアイコンを右側のApplicationのアイコンにドラッグ＆ドロップすると、インストール（コピー）が開始します。インストールは時間がかかります。完了すると、DockのアプリケーションフォルダにAndroid Studioのアイコンが現れます。

○図2.2.10：

　Android Studioのアイコンをクリックして起動します。macOSはセキュリティの一環で、AppStore以外からのアプリ（ソフトウェア）については、最初の起動時に内容の検証と起動しても良いかの確認があります。

○図2.2.11：

検証には少し時間がかかることがあります。続いて表示される起動の確認で、ダウンロードしたサイトのドメインがgoogle.comになっているのを確認してから［開く］のボタンをクリックすると、Android Studioが起動します。

セットアップ

Android Studioをはじめて起動すると、はじめに設定を引き継ぐか、新しく作成するかを尋ねるダイアログが表示されます。

○図2.2.12：

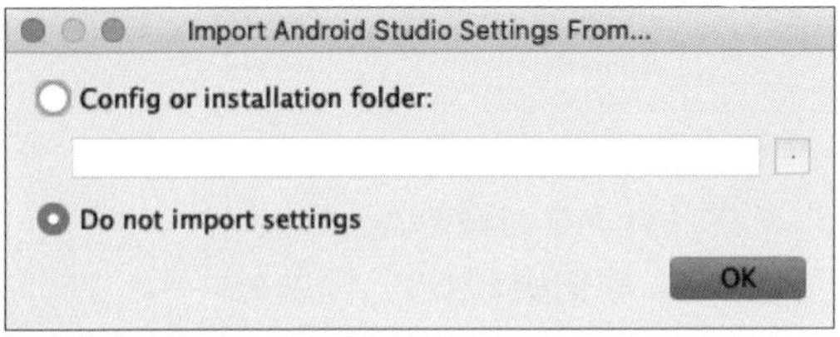

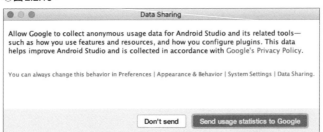

これはAndroid Studioのバージョンアップしたときや、コンピューターを新しくしてデータをバックアップからリストアしたときのためのものです。はじめてセットアップするときは引き継ぎ元の設定がないので［Do not import settings］をチェックしたまま［OK］ボタンをクリックします。

次に表示される、利用状況の送信に関するダイアログについてはどちらを選んでも構いません。このダイアログは初回の起動時に一回だけ表示されます。また、利用状況の送信は設定画面でいつでもON/OFFを切り替えることができます。

○図2.2.13：

Android Studioは、初回起動時のダイアログ表示した後に、セットアップを開始します。

○図2.2.14：

Android Studioのインストールパッケージをダウンロードしたとき、ファイルの容量が大きいという話をしましたが、それでも含まれているのは最小限の構成に過ぎません。Androidアプリを開発するには、さらに追加のコンポーネントをダウンロードする必要があります。

［Next］を押すと、インストール（セットアップ）タイプの選択画面が表示されます。

○図2.2.15：

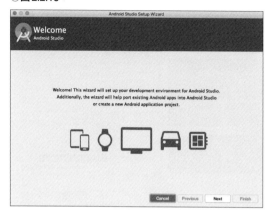

　インストールのタイプは「Standard」と「Custom」の2つから選択します。Standardは、多くの設定が推奨値に設定されたものです。Customはさらに高い自由度で設定できますが、自由度が高い分、トラブルが起きたときの解決も自分でする必要があります。本書ではStandardを選択してインストールを進めます。

○図2.2.16：

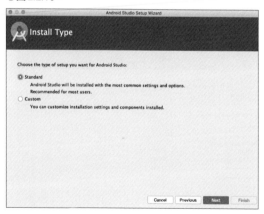

　［Next］を押すと、テーマの設定画面が表示されます。テーマは、Android Studioの見た目です。白系の「Light」と黒系の「Dracula」があります。これは完全に利用する人の好みの問題なので、どちらを選んでも構いません。なお、本書に掲載しているスクリーンショットは全体を通じてLightテーマのものです。

○図2.2.17：

[Next] を押すと、セットアップの最終確認画面が表示されます。[Finish] を押すとセットアップを開始します。Windowsの場合、途中でシステムを変更する許諾を求めるダイアログ（ユーザーアカウント制御）が表示される場合があります。これはWindowsでは、Androidのアプリを実行するエミュレーターが仮想化技術（Intel HAXM）を使用するためです。

○図2.2.18：

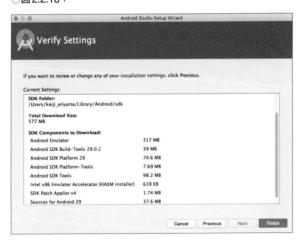

セットアップには時間がかかります。ネットワークを通じて必要なコンポーネントをダウンロードするため、必ず定額・高速なネットワークに接続していることを確認して実行してください。

セットアップが完了すると、完了画面が表示されます。[Finish] を押すとセットアップは完了です。

○図2.2.19：

▶アプリ開発を始める前に

　セットアップが完了して**図2.2.20**の画面が表示されると、いよいよAndroidアプリの開発を始められます。本書ではさらに、Android Studio以外から開発ツールを使う場合を考えてAndroid SDK（Standard Development Kit）のインストールされている場所を確認し、追加でいくつか設定をします。

○図2.2.20：

　Android SDKは、Androidアプリを開発するためのプログラムをひとまとめにしたパッケージです。通常、Android Studioを通じて利用するため、どこにインストールされているかを意識する必要はありません。しかし、まったく知らないままでは、トラブルが起きたときに対応できない可能性があります。また、外部のプログラムにはAndroid SDKの場所を設定する必要があるものもあります。

　Android SDKのインストール場所の確認することで、トラブルが起きたときの対処を可能にする。またAndroid Studioを通さずにAndroid SDKを使えるようにすることで将来的な外部プログラムから利用できるようにします。

▶ Android SDKの場所を確認する

Android Studioを起動して表示される画面の右下にある［Configure］をクリックすると、メニューが表示されます。

○図2.2.21：

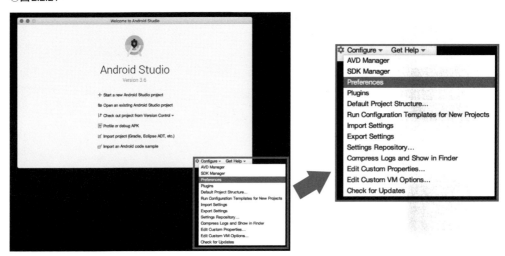

Windowsの場合は［Settings］、macOSの場合は［Preference］をクリックすると設定画面が表示されます。

左側にある［Appearance & Behavior］⇒［System Setting］⇒［Android SDK］と辿り、右側の［Android SDK Location］に表示されている文字列が、Android SDKがインストールされている場所（パス）を示しています。

○図2.2.22：

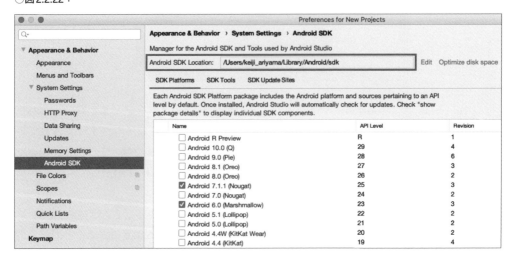

▶環境変数を設定する（Windows 10の場合）

スタートメニューにマウスカーソルを合わせて右クリックします。表示されるメニューの
［システム（Y)］をクリックすると設定画面が表示されます。

○図2.2.23：

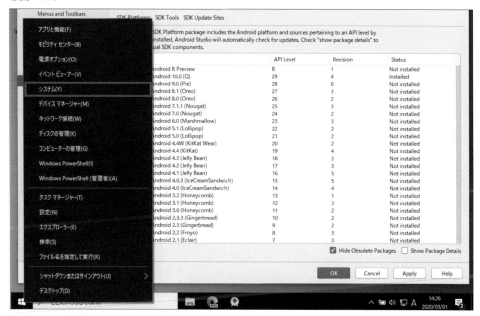

右側の領域をスクロールして［システム情報］のリンクをクリックすると、システムのプ
ロパティが表示されます。

○図2.2.24：

○図 2.2.25：

　[環境変数 (N)] をクリックし、表示された環境変数ダイアログの上部「ユーザー環境変数」にある [新規 (N)] をクリックして、次のように入力します。

・ 変数名：ANDROID_HOME
・ 変数値：*確認した Android SDK の場所（パス）*

○図 2.2.26：

次に、同じく「ユーザー環境変数」のPATHをクリックして選択します。［編集（E）］を
クリックして、編集ダイアログを表示します。

○図2.2.27：

［新規（N）］のボタンをクリックして、値を2つ追加します。

・ 値：%ANDROID_HOME%¥tools
・ 値：%ANDROID_HOME%¥platform-tools

ANDROID_HOMEとPATHの設定が終わったら、［OK］をクリックして環境変数ダイア
ログを終了します。

コマンドプロンプト（cmd）を起動してadbを実行して、ヘルプ（利用方法）のメッセー
ジが表示されれば設定は完了です。

○図2.2.28：

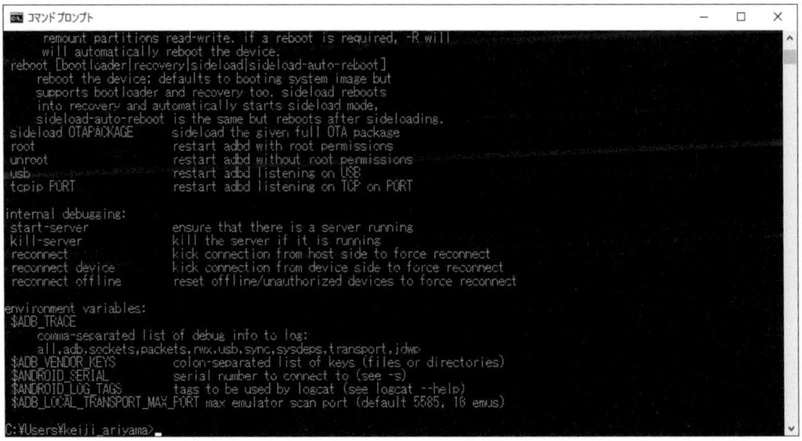

▶環境変数を設定する（macOSの場合）

　Finderを開いて、左側メニューの［アプリケーション］⇒［ユーティリティ］で［ターミナル］を起動します。

○図2.2.29：

　シェルの設定ファイルを編集します。macOS Catalina以降の標準のシェルはzshなので、ホームディレクトリの.zshrcが設定ファイルです。Catalinaより前のバージョンであれば、標準のシェルはbashなので、ホームディレクトリの.bashrcが設定ファイルです。

　設定ファイルをエディタで開き（ファイルがない場合は作成して）、**リスト2.2.1**の内容を追記します。

○リスト2.2.1：.zshrc、または.bashrc

```
export ANDROID_HOME="$HOME/Library/Android/sdk"
export PATH="$PATH:$ANDROID_HOME/tools:$ANDROID_HOME/platform-tools"
```

　追記が終わったら、ターミナルから source .zshrc または source .bashrc を実行して、設定ファイルを読み込み直します。ターミナルから adb を実行して、ヘルプ（利用方法）のメッセージが表示されれば設定は完了です。

○図2.2.30：

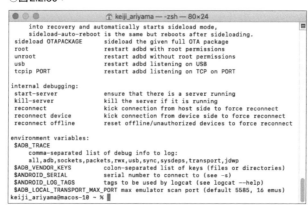

2-3 プロジェクトを作成する

いよいよ Android アプリのプロジェクトを作成します。Android Studio で開発するアプリは複数のファイルで構成されます。それらをまとめて「プロジェクト」と呼びます。

Android Studio の起動画面で［Start a new Android Studio project］をクリックします。

○図2.3.1：

最初に作りたいアプリのひな形（テンプレート）を選択します。テンプレートはいくつか用意されていますが、アプリ開発に慣れていないと有効活用はできないと筆者は考えています。

もっとも基本的なテンプレートである「Empty Activity」を選択して［Next］をクリックすると、プロジェクトの基本設定画面を表示します。

○図2.3.2：

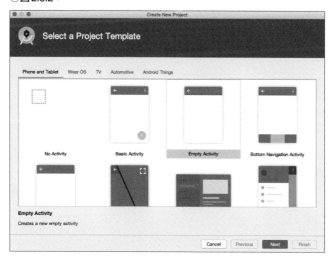

◯図2.3.3：

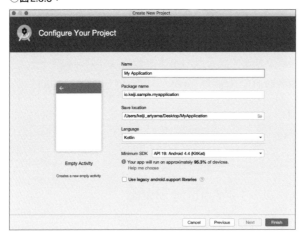

プロジェクトの基本設定を行います。次のように設定してください。

・Name 　　　　　：My Application
・Package Name：dev.keiji.sample.myapplication
・Save Location 　：*[あなたのホームディレクトリ]* /AndroidStudioProjects/MyApplication
・Language 　　　：Kotlin

　設定をして［Finish］をクリックすると、プロジェクトの生成が始まります。
　Android Studioは、プロジェクトの生成が終わると自動的に読み込みます。プロジェクトを読み込んでからも、必要なファイルのダウンロードやインデックス（カタログのようなもの）作成の処理をするので時間がかかります。プロジェクトの生成、読み込みその他すべての準備が終わった画面が**図2.3.4**です。

◯図2.3.4：

COLUMN

プロジェクトの基本設定

プロジェクトの基本設定を元にAndroid Studioはプロジェクトのファイルを生成します。たとえば [Name] の指定は、アプリケーションの名前だけでなくプロジェクトそのものの名前にも使われます。

[Package Name] は、一般的にはドメイン名を逆順にしたものを入力しますが、この [Package Name] は、アプリケーションを識別するための名前である「Application ID」にもなるので注意が必要です。

筆者の場合「keiji.io」というドメインを保有しているのでPackage Nameは「io.keiji」からはじめ、今回の場合はサンプルアプリなので「sample」に加えてアプリ名の「myapplication」としています。sampleをつけずに「io.keiji.myapplication」としてもアプリ名をそのままにせず「io.keiji.myapp」としても、プロジェクトの作成そのものに支障はありません。

ただし、同じApplication IDのアプリは、1つのデバイスに1つしかインストールできません。したがって自分が保有していないドメインを使った場合には、本来のドメインの所有者とトラブルになる可能性があります。また、example.comなど一部のドメインについてはGoogle Playでは公開できない場合があります。

[Package Name] は、一度設定するとあとからの変更が難しいので、書き間違えがないか十分に注意して設定してください。

2-4 アプリを実行する

プロジェクトの生成が終わったら、ためしにアプリを実行してみましょう。開発中のAndroidアプリを実行するには、2つの方法があります。

1つ目はエミュレーターで実行する方法です。エミュレーターとは、Androidデバイスの挙動をソフトウェアで再現（エミュレート）して、その上でアプリを実行します。

もう1つが「実機」で実行する方法です。実際のAndroidデバイスに開発中のアプリをインストールして実行できます。

ここからは、それぞれの方法でアプリを実行します。ただし、実機に関してはお持ちでなければ当然試すことはできません。その場合はエミュレーターだけを使って開発を進めていくことになります。

エミュレーターで実行する

エミュレーターは、開発に使うコンピューターの上でAndroidデバイスの動作をエミュレートすることでアプリを実行します。エミュレーターを使うと、さまざまな画面の大きさ

や機能、バージョンのAndroidデバイスでアプリを動作させることができます。

　エミュレーターを起動するには、まずはじめに「AVD（Android Virtual Device）」を用意します。AVDは、エミュレーターを起動する設定（画面の大きさ・搭載メモリ・ストレージなど）とAndroidのバージョンがひとまとめになったものです。Android Studioのセットアップ時に作成されている場合もありますが、ここでは新しくAVDを作成します。

▶AVDの追加

Android Studioの上部メニューバー（**図2.4.1**）にある［AVD Manager］のアイコンをクリックするとAVD Managerが開きます。

○図2.4.1：

　［Create Virtual Device...］をクリックします。**図2.4.2**は、AVDが1つもない場合の画面です。AVDがすでにある場合、［Create Virtual Device...］のボタンは左下部に表示されます。

○図2.4.2：

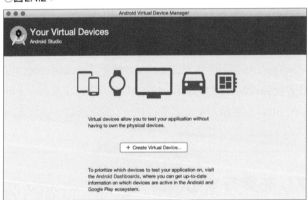

　作成するエミュレーターが想定するデバイス（ハードウェア）の種類を選択します。「Pixel 3」を選択して［Next］のボタンをクリックします（**図2.4.3**）。

　エミュレーターで動作するAndroidのシステムイメージを選択します（**図2.4.4**）。選択するには対応するAndroidのバージョンのシステムイメージが必要です。使いたいバージョンのシステムイメージをダウンロードします。

　「Pie（API Level 28）」の横にある［Download］のリンクをクリックすると、システムイメージのダウンロードダイアログが表示されます。ダイアログの横幅が狭いと[Download]のリンクが見えない場合があります。その場合はダイアログの横幅を広げてみてください。

　図2.4.5は、システムイメージの利用ライセンスへの合意画面です。

○図2.4.3：

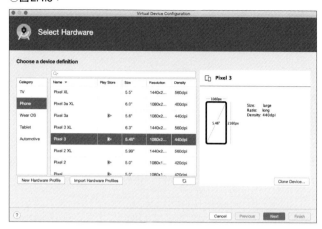

○図2.4.4：

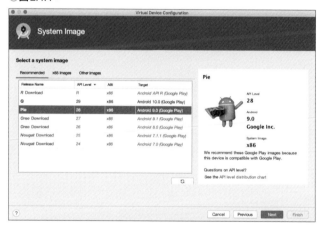

○図2.4.5：

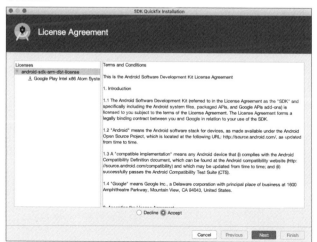

　［Accept］にチェックを入れてから［Next］をクリックすると、ダウンロードとインストールを開始します。大容量のファイルをダウンロードします。必ず定額で高速なネットワークに接続していることを確認して実行してください。

○図2.4.6：

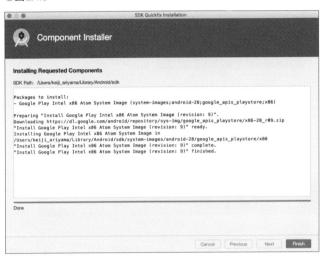

　インストールを完了すると、Androidのシステムイメージ一覧で「Pie（API Level 28）」が利用可能（ダウンロードリンクが消えた状態）になります。

　「Pie（API Level 28）」を選択して［Next］を押すと、AVD作成の確認画面が表示されます。

○図2.4.7：

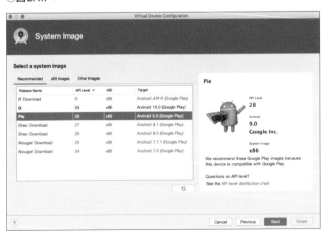

　［Finish］を押すとAVDの作成は完了です。**図2.4.8**は、AVD作成後の一覧画面です。先ほど作成したAVDが表示されています。

○図2.4.8：

▶エミュレーターで実行

AVDを作成したら、いよいよAndroidアプリを実行します。Android Studioの上部メニューバー（**図2.4.9**）にある緑色の三角形のアイコンをクリックします。

○図2.4.9：

左側に表示されているのはアプリを起動するAndroidデバイス・エミュレーターの名前です。もし先ほど作成したAVD以外の名前になっていたら、クリックして切り替えることができます。

アプリを実行すると指定したエミュレーターが起動します。初回起動には時間がかかる場合があります。

実行した結果が**図2.4.10**です。画面の中央にHello World!と表示されています。

○図2.4.10：

実機で実行する

実機とは、一般に販売されているAndroidデバイスです。Androidでは開発用に特別なデバイスは必要ありません。開発者でない人が使っているデバイスにもアプリをインストールして実行できます。

エミュレーターと違って実機は、実際の画面を触って操作できるので、使い勝手などを検証するのにより適しています。一方、世界中に何千、何万種類とある実機をすべて揃えることは現実

的ではありません。実機とエミュレーターで、相互に補い合いながら、アプリを開発をしていくことになります。

　さて「開発者でない人が使っているデバイスにもアプリをインストールして実行できます」と書きましたが、これは厳密には正しくありません。Android Studio（Android SDK）で開発しているアプリは、通常のデバイスにはインストールできません。

　開発中のアプリをインストールするには、デバイスの「開発者モード」と「USBデバッグ」を有効化する必要があります。

▶開発者モードの有効化

　開発者モードを有効化します。これらの作業はお手持ちのAndroidデバイスで行います。また、ここから紹介する画面はGoogle Pixelなど、もっともベーシックなAndroidデバイスをベースにしています。メーカーによっては独自の画面デザインを採用しているものもあり、異なる可能性があります。

　設定アプリを開いて、下にスクロールして［デバイス情報］を選択します。

◯図2.4.11：

◯図2.4.12：

　下にスクロールして［ビルド番号］を数回タップすると「デベロッパーになるまであと◯ステップです」と表示されるので、そのままタップを続けて7回タップします。

○図2.4.13：

○図2.4.14：

○図2.4.15：

「これでデベロッパーになりました！」と表示されたら、前の画面に戻ります。

［システム］を選択して［詳細設定］をタップして開くと、新しく［開発者オプション］の項目が追加されています。［開発者オプション］を選択して開きます。

上のチェックボックスをタップしてONの状態にしてから、［USBデバッグ］をタップして有効にします。これで「開発者モード」と「USBデバッグ」が有効になりました。

○図2.4.16：

○図2.4.17：

▶USBドライバーをインストール（Windowsのみ）

デバイスに接続するコンピューターがWindowsの場合はUSBドライバーをインストールする必要があります。

ここで紹介するドライバーはGoogle Pixelなど、もっともベーシックなAndroidデバイスを対象にしています。メーカーによっては独自のUSBドライバーのインストールが必要な場合があります。その場合、お使いの機種のメーカーのウェブサイトなどを参考にインストールしてください。

Android Studioの上部メニューバー（**図2.4.18**）にある［SDK Manager］のアイコンをクリックするとSDK Managerが開きます。

○図2.4.18：

［Android SDK Location］の下にあるタブから［SDK Tools］を選択します。［Google USB Driver］にチェックを入れて［OK］をクリックします。

○図2.4.19：

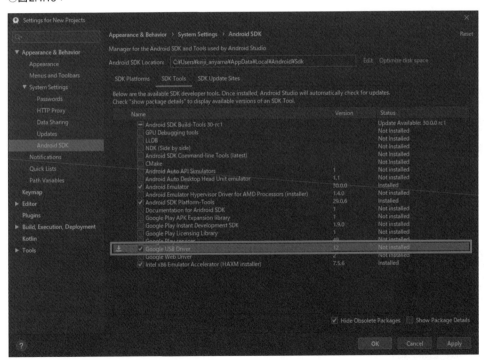

インストールの確認で［OK］をクリックすると、インストールのダイアログが表示されます。

○図2.4.20：

まず始めに、ライセンスへの合意を求める画面が表示されます。

○図2.4.21：

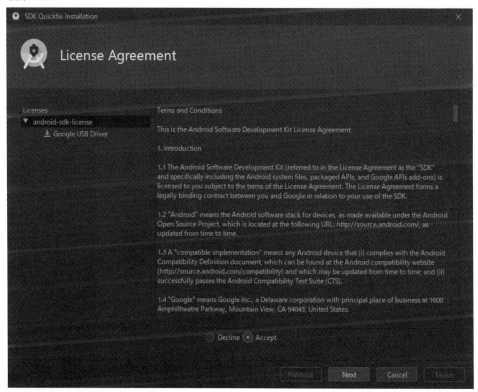

　[Accept] のチェックを有効にして [Next] をクリックすると、ダウンロードとインストールが始まります。

○図2.4.22：

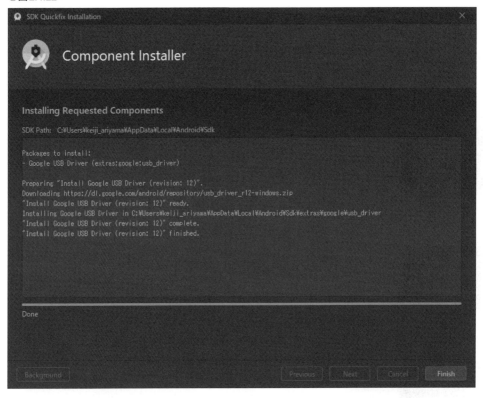

インストールが完了したら［Finish］をクリックしてダイアログを閉じます。

▶実機で実行

開発用のコンピューターと実機（Androidデバイス）をUSBケーブルで接続します。

接続に使うUSBケーブルは、必ずデータ通信に対応したものを使ってください。充電専用のUSBケーブルでは正常に動作しない可能性があります。デバイス付属のケーブルであれば通常はデータ通信に対応しています。

正しく設定できていれば、実機側の画面に開発用のコンピューターからのアクセスを許可してもいいか。確認ダイアログが表示されます。

［許可］を選択すると、Android Studioの下部に表示されている画面（**図2.4.24**）に、接続した実機の機種名が表示されます。また、下の領域には接続したデバイスの内部ログが表示されます。

○図2.4.23：

アクセスを許可すると、開発用のコンピューターから実機の内部ログや保存されている
ファイルの一部をのぞき見たり、画面を操作するイベントを送り込んだりできます。セキュ
リティリスクを低減するために、アクセスを許可するコンピューターは限定して、開発に使っ
ていないときは開発者モードを無効にするなど十分に注意をしてください。

○図2.4.24：

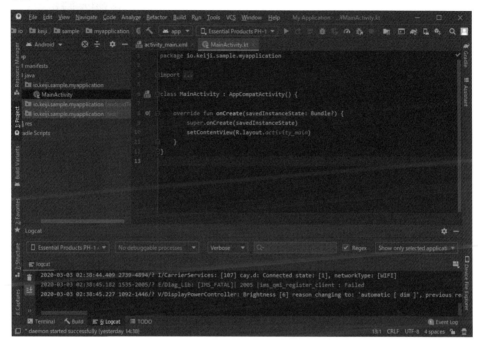

実機でアプリケーションを起動する方法はエミュレーターと同じです。Android Studioの
上部メニューバー（**図2.4.25**）にある緑色の三角形のアイコンをクリックします。左側に表
示されているのはアプリを起動する実機・エミュレーターの名前です。もし先ほど接続した
実機以外の名前になっていたら、クリックして切り替えることができます。

○図2.4.25：

実機で実行したのが図2.4.26です。画面の中央にHello World!と表示されています。
エミュレーターで実行したものと表示される画面は同じですが、コンピューターに表示さ
れているソフトウェアの中に画面があるのではなく、コンピューターに接続された実機に表
示されます。

　もしうまく接続できない場合、実機側で［開発者モード］と［USBデバッグ］が有効になっているか。開発に使っているコンピューターに適切なUSBドライバーがインストールされているかを確認してください。

○図2.4.26：

アプリの原型を作る

本章では、Androidアプリ開発の初歩と基本的な流れを解説しています。画面の変更、DataBinding、Fragmentの表示、ユーザー操作に応じた処理の実装などを説明しています。

🤖 Step 1　なぜMastodonクライアントなのか

Mastodonは、オープンソースで開発されているSNS（ソーシャルネットワークサービス）です。

URL https://joinmastodon.org/

ユーザーが短文を投稿する「ミニブログ」と呼ばれるサービスで、近いものとして「Twitter」があります。

Masto donとTwitter、サービスとしてのTwitterを米Twitter社が一社で運営しているのに対して、Mastodonは誰でもMastodonサービス（インスタンスと呼ばれます）を立ち上げることができます。また、Mastodonインスタンス同士が連携して連合（Federation）を構築できるのも特徴の1つです。

○図01.1：

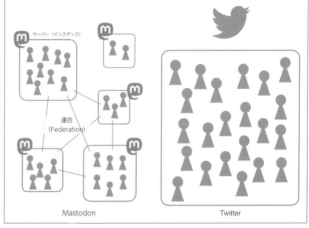

※Mastodonは特定の運営を持たず、誰でもインスタンスを立ち上げられる

WebサービスとしてのMastodonは、「REST（Representational State Transfer）」と呼ばれるモダンな設計の「API（Application Programming Interface）」を備えています。

MastodonのAPIにアクセスするアプリを開発する過程で、一般的なWebサービスのクライアントアプリを開発するために必要なさまざまなノウハウを習得できると筆者は考えています。

また、APIを利用する自由度の高さにも注目しています。少し試したいだけであれば既存のMastodonインスタンスにユーザー登録するだけで、自由にそのインスタンスのAPIが利用できます。不安であれば、自分でインスタンスを立ち上げてしまえば、よほどのことがない限りは周りに迷惑をかけることもありません。

とは言え、自分でサーバーを用意して、Mastodonをインストールするのはそれなりに手間のかかる作業です。本書では、クライアントアプリの開発に使えるMastodonインスタンス「androidbook2020.keiji.io」を用意しています。

Step 2 プロジェクトを作成する

プロジェクトを作成します。最初のテンプレートで「Template: Empty Activity」を選択します。設定項目はそれぞれ次のとおりです。

○図02.1：

- Name：MastodonClient
- Package name：io.keiji.sample.mastodonclient
- Save location：
- Language：Kotlin
- Minimum SDK：API 19 Android 4.4(KitKat)

プロジェクトの作成が終わったら、一度アプリを実行してください。実行結果は**図02.1**のようになります。

AndroidのバージョンとAPI Levelとは

Androidにはさまざまなバージョンがあります。それぞれのバージョンにはバージョン番号（Androd 4.4など）とは別に、利用できるAPIを示す「API Level」と呼ばれる数値が割り当てられています。

Androidは、API Levelによって利用できるAPI（機能）が異なります。「Android 10（API Level 29）」の機能は、「Android 9（API Level 28）」では利用できません。逆に「Android 10（API Level 29）」は、API Level 29の機能に加えて、API Level 28以下のすべての機能を利用できます[注1]。

バージョンとAPI Levelの対照表を、**表02.1**に示します。

Androidアプリには`minSdkVersion`という設定があります。minSdkVersionには、アプリが動作するのに最低限必要となるAPI Levelを指定します。minSdkVersionを設定すると、開発したアプリは指定したAPI Levelより下位のAndroidデバイスにインストールできなくなります。

○表02.1：AndroidのバージョンとAPI Level

API Level	バージョン	開発コード
16	4.1.x	Jelly Bean
17	4.2.x	Jelly Bean MR1※
18	4.3	Jelly Bean MR2

注1　ただし、セキュリティやパフォーマンス面で問題があり、非推奨（deprecated）になったり削除されたAPIもあります。

19	4.4	KitKat
20	4.4W	KitKat Wear(KitKat for watches)
21	5.0	Lollipop
22	5.1	Lollipop MR1
23	6.0	Marshmallow
24	7.0	Nougat
25	7.1	Nougat MR1
26	8.0	Oreo
27	8.1	Oreo MR1
28	9	Pie
29	10	Q

※MR（Major Release）

Project Windowのビューを変更する

　Android Studioの左側にはプロジェクトを構成するファイルツリー表示「Project Window」があります。プロジェクトを作成した初期状態では「Android View」が表示されています（図02.2）。

　Android Viewは表示はシンプルになりますが、プロジェクト本来のディレクトリ構造を簡略化し過ぎて初学者には向かないと筆者は考えています。本書では以後、Project Viewに切り替えて解説します。

　Project Windowの上にある「Android」の文字をクリックして開き、Projectを選択すると、Project Viewに切り替わります（図02.3、図02.4）。

Tips　Androidプロジェクトの構造とは

　Android Studioアプリケーションのプロジェクトは、複数の「モジュール」で構成されます。作りたてのプロジェクトにはappモジュールが1つだけ存在します。

　「モジュール」は、大きく3つの要素に分類できます。

▶ソースコード

　アプリの動作を規定するプログラムを記述したファイルです。本書では主にプログラム言語「Kotlin」で記述します。

　ActivityやServiceなど、Androidのシステムコンポーネントをはじめとして、全てのロジックに関わる処理はプログラムが担当します。ソースコードは、プロジェクトのjavaディレクトリ以下に配置します（ディレクトリの名前がjavaなのは、AndroidアプリをJava言語だけでプログラムをしていた頃の名残です）。

○図02.2：

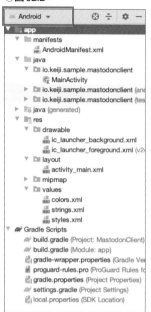

○図02.3：

○図02.4：

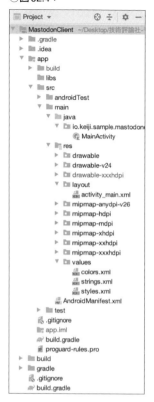

▶リソースファイル

Androidアプリの、プログラムを除いた素材全般がリソースファイルです。画像や音声、表示する画面のデザイン（レイアウト）ファイルは、リソースとして管理します。リソースは、プロジェクトのresフォルダ配下に配置します。

▶設定ファイル

AndroidManifest.xmlや、build.gradleなど、アプリやアプリ開発の設定に関するファイルです。

AndroidManifest.xmlには、どのような機能を使うのか（パーミッション）、コンポーネントを含んでいるかなど、基本的な情報を設定します。

build.gradleには、ソースコードやリソースファイルを実行可能な形式に変換（ビルド）する設定を記述します。Android Studioは、ビルドシステムにGradleを利用しています。build.gradleに、開発するアプリケーションが依存するライブラリ、バージョンなどを記述しておくと、ビルド時に自動的に依存ライブラリを確認してダウンロードします。

Step 3　表示内容を変更する

コード（プログラム）から表示の内容を変更します。表示内容の変更は、次の手順で行います。

・ ViewにIDを付与
・ コードから表示内容を変更

res/layout/main_activity.xmlをダブルクリックするなどして、「レイアウトエディタ」で開きます。

○図03.1：

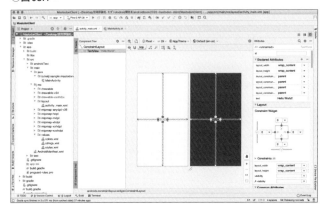

Tips　レイアウトエディタの3つのビューとは

レイアウトエディタには3つのビューがあります。

▶コードビュー

レイアウトファイルの実体であるXML形式のファイルを直接編集するテキストエディタです。

○図03.2：

```
1   <?xml version="1.0" encoding="utf-8"?>
2   <androidx.constraintlayout.widget.ConstraintLayout xmlns:android="http://schemas.android.com/apk/res/android"
3       xmlns:app="http://schemas.android.com/apk/res-auto"
4       xmlns:tools="http://schemas.android.com/tools"
5       android:layout_width="match_parent"
6       android:layout_height="match_parent"
7       tools:context=".MainActivity">
8
9       <TextView
10          android:layout_width="wrap_content"
11          android:layout_height="wrap_content"
12          android:text="Hello World!"
13          app:layout_constraintBottom_toBottomOf="parent"
14          app:layout_constraintLeft_toLeftOf="parent"
15          app:layout_constraintRight_toRightOf="parent"
16          app:layout_constraintTop_toTopOf="parent" />
17
18  </androidx.constraintlayout.widget.ConstraintLayout>
```

▶デザインビュー

レイアウトファイルがAndroidの画面にどのように表示されるか、グラフィカルに表示します。画面部品の移動やプロパティの設定などをすることができます。

○図03.3：

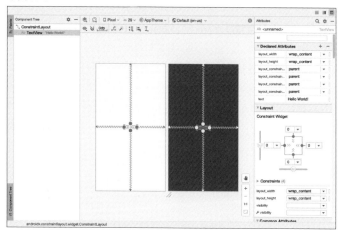

▶分割（スプリット）ビュー

コードビューとデザインビューと半分ずつ表示します。

レイアウトエディタは、初期状態ではデザインビューで表示されています。本書では、これをコードビューに切り替えて操作します。ビューの切り替えは、レイアウトエディタの右上の3つのアイコン（**図03.5**）で行います。

○図03.5：

※左から「コードビュー」「分割ビュー」「デザインビュー」

○図03.4：

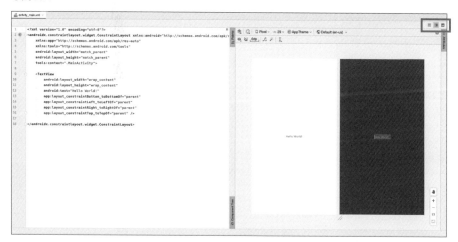

Tips レイアウトエディタをコードビューに切り替える理由とは

レイアウトエディタをコードビューに切り替える理由は2つあります。

デザインビューを見てVisual Studioのような開発環境を期待する人も多いようです。残念ながらAndroid Studioのデザインビューは機能が限定的です。Android Studioが登場してから長い時間が経ち、機能面ではずいぶん充実してきましたが、Visual Studioのような使い勝手は実現できていません。

次に、これは執筆の都合でもありますが、デザインビューで行う1つひとつの操作を解説するのが難しい事情があります。コードビューであれば「どの行を消して、どの行を加えるのか」が明解です。ただし、後述するConstraintLayoutなど、デザインビューで操作したほうがわかりやすいものについては、デザインビューでの操作を解説することもあります。

View に ID を付与

main_activity.xmlをリスト03.1のように変更します。

○リスト03.1：res/layout/main_activity.xml

```
<TextView
+    android:id="@+id/textview"                              ①
     android:layout_width="wrap_content"
     android:layout_height="wrap_content"
     android:text="Hello World!"
     app:layout_constraintBottom_toBottomOf="parent"
     app:layout_constraintLeft_toLeftOf="parent"
     app:layout_constraintRight_toRightOf="parent"
     app:layout_constraintTop_toTopOf="parent" />
```

① textview という名前で ID を割り当てる

コードから表示内容を変更

プロジェクトビューからディレクトリ構造を辿って`io.keiji.sample.mastodonclient/MainActivity`を開きます。リスト03.2のように変更します。

○リスト03.2：.MainActivity

```
import android.os.Bundle
+ import android.widget.TextView                             ①

class MainActivity : AppCompatActivity() {
    override fun onCreate(savedInstanceState: Bundle?) {
        super.onCreate(savedInstanceState)
        setContentView(R.layout.activity_main)

+        val textView = findViewById<TextView>(R.id.textview)   ②
+        textView.text = "Hello XML Layout!"                    ③
    }
}
```

① ファイルで利用するクラス TextView をインポート

② textview の ID が割り当てられた画面の部品をクラス TextView のオブジェクトとして取得

③ text プロパティに文字列「Hello XML Layout!」を設定 (代入)

変更を終えたら、アプリを実行します。実行結果が**図03.6**です。コードから代入した「Hello XML Layout!」が表示されています。

○図03.6：

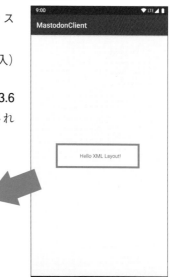

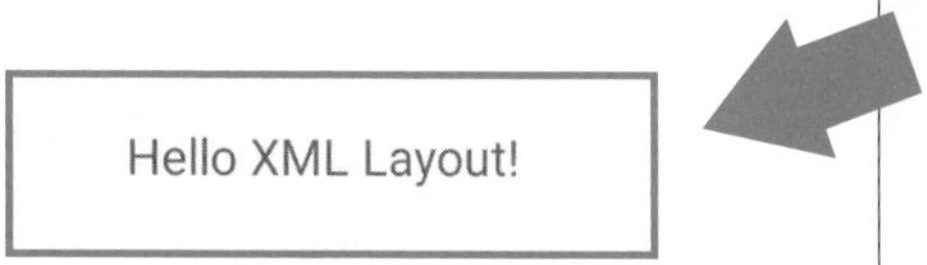

Hello XML Layout!

> 　コード中、findViewById に <TextView> として取得するオブジェクトの型をジェネリクス (総称型) で指定をしています。これは元々は Android 8.0 (Oreo) から導入された機能です。
>
> 　以前は findViewById はすべての View の親クラスである「View」を返して、それをプログラマーが適切な型にキャストしていました。当然、キャストするクラスに間違いがあれば実行時エラーの原因になっていました。
>
> 　繰り返しになりますが、findViewById のジェネリクス対応は Android 8.0 からです。ただし開発言語に Kotlin を使っていれば、それ以前のバージョンでも問題なく動作します。

Tips コードアシストとは

▶名前の補完

Android Studio には、IntelliJ IDEA 由来の強力な入力補完機能があり、クラスやメソッドの名前を途中を入力すれば、該当する候補を一覧で表示します。

○図03.7：

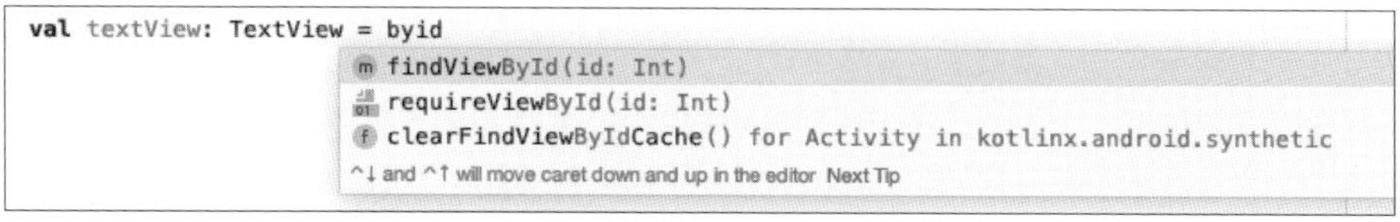

```
val textView: TextView = byid
                    m  findViewById(id: Int)
                       requireViewById(id: Int)
                    f  clearFindViewByIdCache() for Activity in kotlinx.android.synthetic
                    ^↓ and ^↑ will move caret down and up in the editor  Next Tip
```

メソッドの名前の一部しか覚えていない場合でも心配いりません。Android Studioは、入力された文字列に一部でも該当するクラスやメソッドがあれば、候補として表示します。

○図03.8：

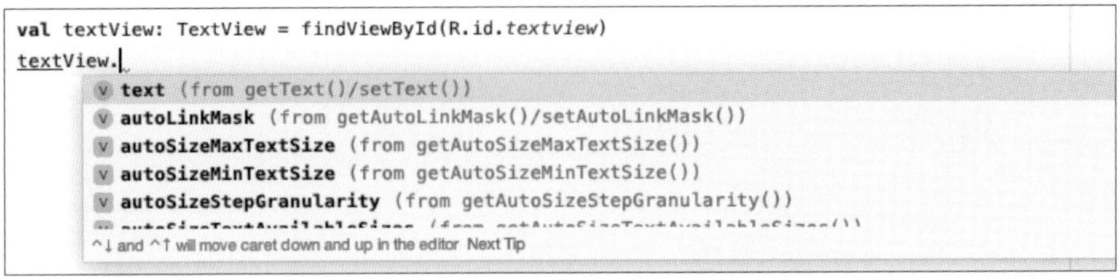

```
val textView: TextView = findViewById(R.id.textview)
textView.
    v text (from getText()/setText())
    v autoLinkMask (from getAutoLinkMask()/setAutoLinkMask())
    v autoSizeMaxTextSize (from getAutoSizeMaxTextSize())
    v autoSizeMinTextSize (from getAutoSizeMinTextSize())
    v autoSizeStepGranularity (from getAutoSizeStepGranularity())
    v autoSizeTextAvailableSizes (from getAutoSizeTextAvailableSizes())
^↓ and ^↑ will move caret down and up in the editor Next Tip
```

採用したい候補にカーソルを合わせてクリックするか[Enter]を押せば、そのメソッドが入力されます。また、メソッドに必要な引数の型を確認しながら入力できます。

○図03.9：

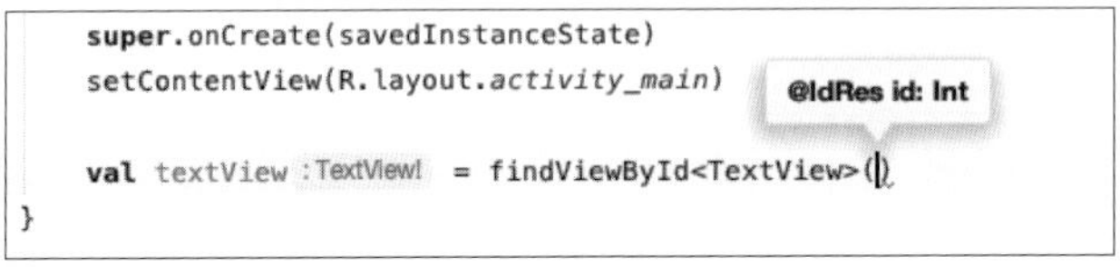

```
    super.onCreate(savedInstanceState)
    setContentView(R.layout.activity_main)
                                                    @IdRes id: Int
    val textView :TextView!  = findViewById<TextView>()
}
```

名前の補完を活用すればキーボードから入力する文字数を減らすことができます。

プログラムを勉強するうえで、クラスやメソッドの名前を正確に覚えることは重要ではありません。どんなことができるのか、クラスやメソッドを使って、何ができるかを知ることに集中しましょう。

▶ import宣言の補完

Java言語では、プログラム中で使用するクラスは一部を除いてimport文で宣言する必要があります。

import文はクラスの最初に宣言する必要があるので、プログラムを入力している際、ファイルの先頭にいちいちカーソルを移動することになります。新しいクラスを使う度にimport文を書く作業をするのは効率的ではありません。

○図03.10：

Android Studioのクイックフィックス機能を使えば、import文を手で入力する必要はありません。必要なクラスを簡単にimportできます。

Android Studioは、プログラム中にimportしていないクラスがあるとimportしていないクラス名を赤く表示して、同時にimportの候補をポップアップで表示します。

　この状態で Option （Windowsの場合は Alt ）を押しながら Enter を押すと、importの候補が1つであれば候補のimport宣言が追加されます。また、importの候補が複数ある場合は、候補の一覧が表示され、importしたいクラスを選択できます。

○図03.11：

▶変数の宣言

　Android Studioのクイックフィックス機能は、宣言されていない変数の型宣言を補完します。Android Studioは、プログラム中に宣言されていない変数が使われていると、変数名を赤く表示します。赤く表示された状態で変数にカーソルを合わせて、Option （Windowsの場合は Alt ）を押しながら Enter を押すと、補完の候補を表示します。

○図03.12：

　[Create local variable...]を選択すると、変数をローカル変数として宣言します。[Create property...]を選択すると、変数をクラスのプロパティとして宣言します。どちらの場合も、変数の型はAndroid Studioが自動的に推測して、提案します。

○図03.13：

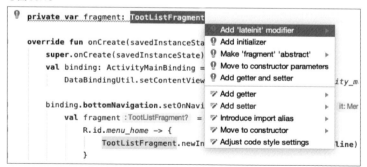

　特にクラスのプロパティは、宣言をするときに一度メソッドの外にカーソルを移動させる手間があります。メソッドを書いている途中でクラスのプロパティが必要になった際に、この機能を活用すれば、より効率よくアプリ開発を進めることができるでしょう。

▶ Interface/Abstractクラスのメソッド補完

　Android Studioのクイックフィックス機能を使うと、インターフェース（Interface）の実装や、抽象（Abstract）クラスを継承する場合、必要なメソッドを自動的に追加できます。例えば、ButtonをタップしたときにⅢ実行する処理を設定するOnClickListenerの場合、onClick（View v）が必要です。

　必要なメソッドは、インターフェース（Interface）や、抽象クラスそれぞれ異なります。どんなメソッドが必要なのか。これらを調べて、1つずつ手で入力するのは、決して効率が良いこととは言えません。Android Studioは、インターフェースや抽象クラスで必要なメソッドが足りない場所があると、赤い下線を表示します。

○図03.14：

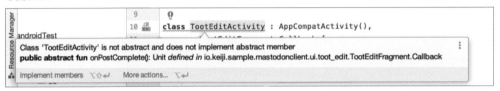

　赤い下線が表示された箇所にカーソルを合わせて Option（Windowsの場合は Alt）を押しながら Enter を押すと、補完の候補を表示します。

○図03.15：

　［Implement members］を選択すると、Android Studioは追加が必要なメソッドの一覧を表示します。

○図03.16：

　追加するメンバー（メソッド）を選択して［OK］を押すと、選択したメソッドが空の状態で追加されます。

○図03.17：

```
override fun onPostComplete() {
    TODO( reason: "Not yet implemented")
}

override fun onCloseEdit() {
    TODO( reason: "Not yet implemented")
}
```

▶リファクタリング

Android Studioには強力なリファクタリング機能があります。リファクタリング機能を使えば、クラスやメソッド、変数などの名前を一括で変更できます。変数名にスペルミスがあった場合を考えてみます。例えば、**図03.18**では "bindingData" と書くつもりが、"bindinData" と書いてしまいました。

○図03.18：

```
val bindinData: FragmentTootListBinding? = DataBindingUtil.bind(view)
binding = bindinData ?: return

viewModel.onRestoreInstanceState(savedInstanceState)

(requireActivity() as AppCompatActivity).also { it: AppCompatActivity
    it.setSupportActionBar(bindinData.toolbar)
}

bindinData.recyclerView.also { it: RecyclerView
    it.layoutManager = layoutManager
    it.adapter = adapter
    it.addOnScrollListener(loadNextScrollListener)
}
bindinData.swipeRefreshLayout.setOnRefreshListener {
    viewModel.clear()
    viewModel.loadNext()
}
```

変数bindinDataは、たくさんの場所から参照されているので、1つひとつを書き換えるのは手間がかかります。この場合、どこでもよいので "bindinData" を使っている部分にカーソルを合わせて Shift を押しながら F6 を押すと、名前の変更（リネーム）を入力する状態に変わります。

○図03.19：

```
val bindinData: FragmentTootListBinding? = DataBindingUtil.bind(view)
bind  bindinData
      data
view  fragmentTootListBinding              ceState)
      tootListBinding
      listBinding
(re   binding1                          o { it: AppCompatActivity
      Press ⇧F6 to show dialog with more options        r)
}

bindinData.recyclerView.also { it: RecyclerView
    it.layoutManager = layoutManager
    it.adapter = adapter
    it.addOnScrollListener(loadNextScrollListener)
}
bindinData.swipeRefreshLayout.setOnRefreshListener {
    viewModel.clear()
    viewModel.loadNext()
}
```

変更後の名前を入力して、Enter で決定します。変更をキャンセルしたい場合は、Esc を押します。

○図03.20：

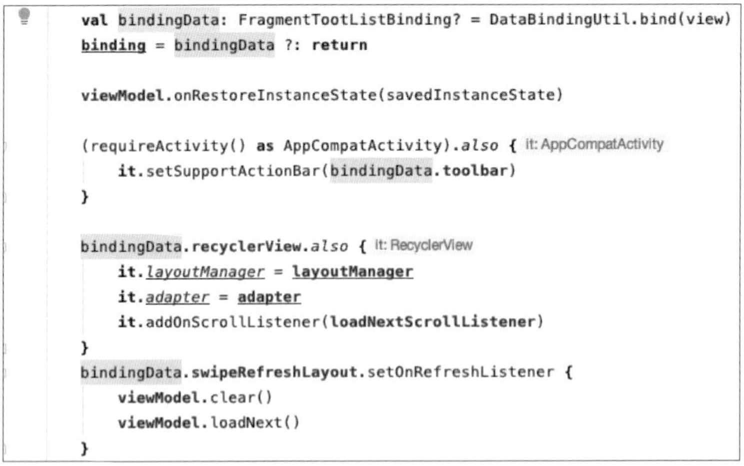

```
val bindingData: FragmentTootListBinding? = DataBindingUtil.bind(view)
binding = bindingData ?: return

viewModel.onRestoreInstanceState(savedInstanceState)

(requireActivity() as AppCompatActivity).also { it: AppCompatActivity
    it.setSupportActionBar(bindingData.toolbar)
}

bindingData.recyclerView.also { it: RecyclerView
    it.layoutManager = layoutManager
    it.adapter = adapter
    it.addOnScrollListener(loadNextScrollListener)
}
bindingData.swipeRefreshLayout.setOnRefreshListener {
    viewModel.clear()
    viewModel.loadNext()
}
```

　アプリ開発をするうえで、クラスやメソッド、変数の名前を決めるのは頭の痛い作業です。
　自然と英単語ベースの命名になりますが、最初から間違いのない、ぴったりと合った名前をつけられる人はそれほど多くはありません。
　変数を宣言する度に、プログラムを書く手を止めて、英単語を調べるという作業は、効率を極端に落としてしまいます。そういう場合は、そのときに思いつく名前をつけてしまいましょう。それが英語として間違っていても、綴りが間違っていても問題ありません。一息ついたときに、もっと良い名前を考えて変更すれば良いのです。

Step 4　DataBindingを使って表示を変更する

DataBindingを使って画面を変更します。

DataBindingを有効にすると、対象となるレイアウトXMLを解析してコードを生成します。生成したコードにはIDが付加された部品がマッピングされるため、レイアウトの部品をfindViewByIdで取得することなく扱えます。また、データクラスとレイアウトを対応付け（バインド）ることで、レイアウトのどの部品に、データクラスのどの情報を表示するのか指定することもできます。

DataBindingを使った表示の変更は、次の手順で行います。

- DataBindingの有効化
- レイアウトXMLをDataBinding対応に書き換え
- コードから表示内容を変更

DataBindingの有効化

DataBindingは標準で無効になっています。有効化するには、build.gradleファイルを開いて**リスト04.1**のように変更します。

○リスト04.1：app/build.gradle

```
  apply plugin: 'com.android.application'
  apply plugin: 'kotlin-android'
  apply plugin: 'kotlin-android-extensions'

+ apply plugin: 'kotlin-kapt'          ①

  android {
      compileSdkVersion 29
      buildToolsVersion "29.0.3"

+     dataBinding {
+         enabled true               ②
+     }

      defaultConfig {
```

① kapt（Kotlin向けのAnnotation Processor）の利用を宣言
② DataBindingの有効化

build.gradleをプロジェクトに反映させる

build.gradleを変更しても、そのままではプロジェクトに反映されません。

Android Studioのエディタの上部に、build.gradleが変更されたことを示すバー（**図04.1**）

が表示されます。右側の［Sync］をクリックすると変更の反映が始まります。

またツールバーにも「Sync」ボタンが用意されています（**図04.2**）。

○図04.1：

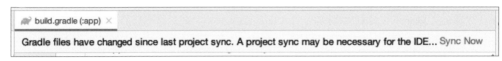

○図04.2：

レイアウトXMLをDataBinding対応に書き換え

DataBindingを有効にしたら、レイアウトXMLをDataBindingの規則に合わせて書き換えます（**リスト04.2**）。

○リスト04.2：res/layout/main_activity.xml

```xml
<?xml version="1.0" encoding="utf-8"?>
<layout
  xmlns:android="http://schemas.android.com/apk/res/android"
  xmlns:app="http://schemas.android.com/apk/res-auto"
  xmlns:tools="http://schemas.android.com/tools">        ①

  <androidx.constraintlayout.widget.ConstraintLayout
    android:layout_width="match_parent"
    android:layout_height="match_parent"
    tools:context=".MainActivity">

    <TextView
      android:id="@+id/textview"
      android:layout_width="wrap_content"
      android:layout_height="wrap_content"
      android:text="Hello World!"
      app:layout_constraintBottom_toBottomOf="parent"      ②
      app:layout_constraintLeft_toLeftOf="parent"
      app:layout_constraintRight_toRightOf="parent"
      app:layout_constraintTop_toTopOf="parent" />

  </androidx.constraintlayout.widget.ConstraintLayout>
</layout>
```

① DataBindingの対象になることを宣言する

② レイアウトそのものの内容は変わらない

コードから表示内容を変更

レイアウトファイルをDataBinding対応に書き換えたら、次にコード側を変更します。

○リスト04.3：.MainActivity.kt

```
  import android.os.Bundle
− import android.widget.TextView
+ import androidx.databinding.DataBindingUtil
+ import io.keiji.sample.mastodonclient.databinding.ActivityMainBinding

  class MainActivity : AppCompatActivity() {

      override fun onCreate(savedInstanceState: Bundle?) {
          super.onCreate(savedInstanceState)
−         setContentView(R.layout.activity_main)

−         val textView: TextView = findViewById(R.id.textview)
−         textView.text = "Hello XML Layout!"
+         val binding: ActivityMainBinding = DataBindingUtil.setContentView(
+             this,
+             R.layout.activity_main                                        ①
+         )
+         binding.textview.text = "Hello DataBinding!"      ②
      }
```

① レイアウトを読み込んでクラス ActivityMainBinding のオ
   ブジェクトを取得
② textview の text プロパティに文字列「Hello DataBinding!」
   を設定（代入）

○図04.3：

　クラス ActivityMainBinding は、DataBinding が activity_
main.xml ファイルを解析して自動生成したクラスです。
DataBindingUtil クラスの setContentView メソッドは、レイ
アウトファイルを画面に表示するだけでなく、同時に
ActivityMainBinding 型の binding オブジェクトを生成しま
す。レイアウトファイルに ID が付与された画面部品は、オ
ブジェクトのメンバ変数として割り当てられるため
findViewById を使わずに画面の部品を変更できます。
　アプリを実行すると図04.3となります。

Step 5　Fragment を表示する

　これまで、MainActivityを変更してきました。MainActivityが継承しているActivityクラスは、Androidのシステムコンポーネントの1つで、画面にUIを表示する役割を担っています。

　Activityがレイアウト XML を読み込んで View を画面に表示して、コードから View を変更することで UI を動的に変更していました。

　ここからは、Fragment と呼ばれるサブコンポーネントを Activity に乗せることで UI を作成します。

　Fragment の変更は、次の手順で行います。

- ライブラリ（Fragment-KTX）の追加
- Fragment で表示するレイアウトを作成
- Activity のレイアウトに Fragment を表示する View を追加
- Fragment クラスを作成
- Fragment の表示

COLUMN

Activity と Fragment

　最初期のAndroidにはFragmentはありませんでした。Android 3.0 Honeycombでタブレットに対応するときに、大きな画面を分割して使う必要が生まれ、Fragmentが生まれました。当初のFragmentはAndroidのシステムに組み込まれていて、バージョンによって挙動が違うなどしてあまり支持が得られませんでした。

　Googleは、Compatibility Libraryと呼ばれるAndroidのバージョン間の差異を吸収するライブラリを作り、そこにFragmentを納めて発展させました。やがてシステム組み込みのFragmentは非推奨となり、アップデートが比較的容易なCompatibilityライブラリのFragmentが広く使われるようになりました。

　一時はFragmentを使わないことが流行しましたが、現在ではActivityを1つしか持たず、すべての画面遷移をFragmentだけで作る「Single Activity」が流行しています。

　とはいえ、AndroidのシステムコンポーネントであるActivityと、画面の部品であるFragmentでは本質的に役割が異なります。Activityしか使わないのも、Fragmentしか使わないのも、どちらも極端であると筆者は考えています。

ライブラリの追加（Fragment-KTX）

Fragmentを利用する前に、Fragmentの利用を補助するライブラリ「Fragment-KTX」を導入します。

「KTX（Kotlin Extension）は、元々はJava言語向きに作られている各種APIやライブラリをKotlin向けに拡張するライブラリです。導入は必須ではないですが、標準で不具合のある部品を修正したものもあるので、利用しない理由はありません。

build.gradleを開いて、dependenciesにFragment-KTXを追加します（**リスト05.1**）。

○リスト05.1：app/build.gradle

```
dependencies {
    // 省略
    androidTestImplementation 'androidx.test.espresso:espresso-core:3.2.0'
+   implementation 'androidx.fragment:fragment-ktx:1.2.3'    ①
}
```

① fragment-ktx を追加。バージョンは、本書執筆時点で最新の1.2.3を指定する

Fragment用のレイアウトを作成

新しくレイアウトファイルfragment_main.xmlを作成して、activity_main.xmlの内容をコピーします。

▶レイアウトリソースの作成

Android Studioからレイアウトファイルの作成は、Project Windowでres/layoutフォルダで右クリック ⇒［New］⇒［Layout Resource File］を選択します。

○図05.1：

ファイル名に拡張子「.xml」は含めなくても良いです。ファイル名を入力して［OK］ボタンをクリックすると、ルート要素を持つレイアウトファイルのひな形が生成されます。

○図05.2：

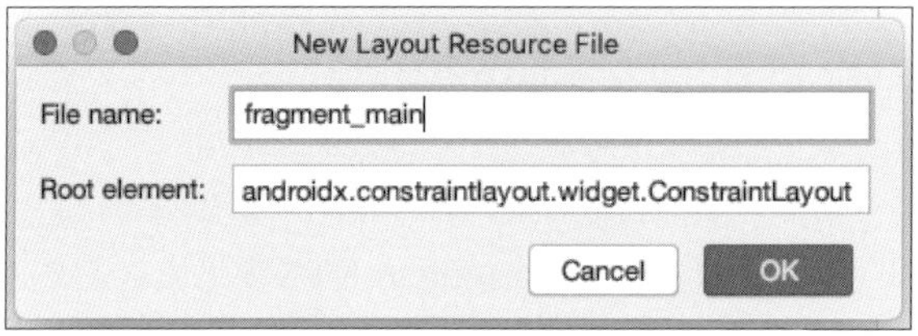

Activityのレイアウトに Fragment を表示する View を追加

activity_main.xmlの内容を作成したfragment_main.xmlにコピーした後、activity_main.xmlの内容をリスト05.2のように書き換えます。

○リスト05.2：res/layout/activity_main.xml

```
<?xml version="1.0" encoding="utf-8"?>
<androidx.fragment.app.FragmentContainerView
  android:id="@+id/fragment_container"
  android:layout_width="match_parent"
  android:layout_height="match_parent"
  />
```

変更後のactivity_main.xmlは、layoutタグがなくDataBindingに対応していません。FragmentContainerViewしかないシンプルな構造になっています。

FragmentContainerViewは、その名の通りFragmentの入れ物（コンテナ）となる役割のView。Fragment-KTXライブラリに含まれています。本来、Fragmentの入れ物にはFragmentContainerView以外でもなれますが、こちらのほうが不具合が少ないので採用しています。

Fragment クラスを作成

Fragmentを継承したクラスを作成します。

○リスト05.3：.MainFragment

```
package io.keiji.sample.mastodonclient

import android.os.Bundle
import android.view.View
import androidx.databinding.DataBindingUtil
import androidx.fragment.app.Fragment          ①
import io.keiji.sample.mastodonclient.databinding.FragmentMainBinding
```

```
class MainFragment : Fragment(R.layout.fragment_main) {        ②

    private var binding: FragmentMainBinding? = null

    override fun onViewCreated(view: View, savedInstanceState: Bundle?) {
        super.onViewCreated(view, savedInstanceState)

        binding = DataBindingUtil.bind(view)        ③
        binding?.textview?.text = "Hello Fragment"
    }

    override fun onDestroyView() {
        super.onDestroyView()

        binding?.unbind()        ④
    }
}
```

① androidx.fragment パッケージの Fragmnet をインポートする。android.app.Fragment は現在は非推奨なので間違えないように注意する

② Fragment に表示するレイアウトをコンストラクタで指定する

③ DataBinding を使って view オブジェクトを FragmentMainBinding クラスのオブジェクトに結びつける（バインドする）

④ DataBinding のオブジェクトのバインドを解除する（アンバインドする）

Tips クラスを新規作成する方法

Android Studio からクラスの新規作成は、Project Window で java ディレクトリ下にある、クラスを追加したいパッケージ（今回の場合 io.keiji.sample.mastodonclient）で右クリック ⇒ [New] ⇒ [Kotlin File / Class] を選択します。

○図05.3：

種類は「File」のまま、表示されるファイルにクラス名を入力して[Enter]を押すと、空のファイルが作成されます。

○図05.4：

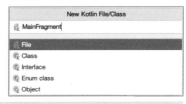

Fragmentの表示

MainActivityをリスト05.4のように変更します。

○リスト05.4：.MainActivity

```
    import android.os.Bundle
−   import androidx.databinding.DataBindingUtil          }
−   import io.keiji.sample.mastodonclient.databinding.ActivityMainBinding    } ①

    class MainActivity : AppCompatActivity() {

        override fun onCreate(savedInstanceState: Bundle?) {
            super.onCreate(savedInstanceState)
            setContentView(R.layout.activity_main)

−           val binding: ActivityMainBinding = DataBindingUtil.setContentView(
−                   this,
−                   R.layout.activity_main
−           )
−           binding.textview.text = "Hello DataBinding!"

+           if (savedInstanceState == null) {
+               val fragment = MainFragment()                     ②
+               supportFragmentManager.beginTransaction()
+                   .add(
+                       R.id.fragment_container,
+                       fragment,                                 } ③
+                       MainFragment::class.java.simpleName
+                   )
+                   .commit()
+           }
        }
    }
```

① 使わないクラスのimportを削除する。activity_main.xmlは、DataBindingの対象ではなくなっているのでActivityMainBindingクラスは生成されずエラーになる
② MainFragmentクラスをインスタンス化する。この時点では表示はされない
③ MainFragmentクラスを画面に追加（表示）する

　Fragmentの表示は、ActivityのFragmentManagerに追加することで行います。Fragmentの操作は、トランザクションを開始してから行い、最後に変更をコミットするこ

とで完了します。

アプリを実行すると、**図05.5**のようになります。

○図05.5：

supportFragmentManager の support って？

supportFragmentManager（getSupportFragmentManager）という名前は、歴史的な経緯によるものです。

AndroidにFragmentが追加されたとき、Activityクラスに、android.app.Fragmentを管理するfragmentManager（getFragmentManager）が追加されました。その後、Compatibility Libraryが作られ、パッケージが異なるFragment（android.support.v4.app.Fragment）を管理するためにはFragmentManagerも別のクラス（android.support.v4.app.FragmentManager）である必要になりました。

android.support.v4.app.FragmentManagerを持つActivityクラスをFragmentActivityとして用意する際、すでに親クラスのActivityにandroid.support.v4.app.FragmentManagerを返すプロパティ（メソッド）として、fragmentManager（getFragmentManager）が存在しており、名前を変えてsupportFragmentManagerで取得することとなりました。

同じ経緯でsupportで始まるプロパティは、supportActionBarなどいくつかあります。

Step 6 ボタンを押して処理をする

ユーザーの操作を受け取って処理します。ここではボタンをクリック（タップ）したときに表示を「clicked」に変更してみます。

クリックイベントの処理は、次の手順で行います。

・レイアウトXMLにボタンを追加
・ボタンをクリックしたときのイベントを設定

レイアウトXMLにボタンを追加

fragment_main.xmlを開き、**リスト06.1**のように変更します。

○リスト06.1：res/layout/fragment_main.xml

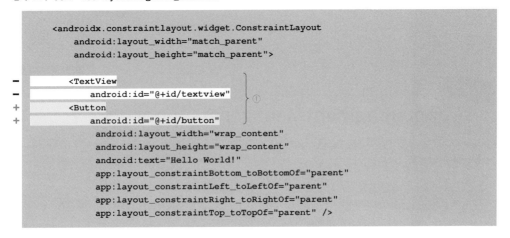

① テキスト表示（TextView）をボタン（Button）に変更する

このレイアウトをデザインビューで見ると**図06.1**のようになります。

○図06.1：

▶ IDの名前と制約

リスト06.1ではIDも変えていますが、必須ではありません。ButtonにtextviewというID
を指定しても、逆にTextViewをbuttonというIDにしても、エラーにはなりません。ただし
実体と異なるIDを割り当てることは、メンテナンス性を落とすためお勧めはできません。

また、ここで指定するIDはクラスの定数（R.id）やDataBindingの生成するプロパティ名
になります。そのため、Kotlin（Java言語）の命名規則に従っている必要があります。たと
えば、数字から始まるID（1234textなど）は付けることができません。

ボタンをクリックしたときのイベントを設定

MainFragmentクラスを開き、リスト06.2のように書き換えます。

○リスト06.2：.MainFragment

```
    override fun onViewCreated(view: View, savedInstanceState: Bundle?) {
        super.onViewCreated(view, savedInstanceState)

        binding = DataBindingUtil.bind(view)
-       binding?.textview?.text = "Hello Fragment"          ①
+       binding?.button?.setOnClickListener {
+           binding?.button?.text = "clicked"               ②
+       }
    }
```

① 表示の変更はここでは行わない

② buttonをクリックすると、表示をclickedに変更する

アプリを実行して、表示されたボタンをタップすると、ボ
タンの表示が「clicked」に変わります。

○図06.2：

Tips エラーが起きたときは

「エラーが表示される……」「うまく動かない……」

そんなときは慌てず、まずはポイントを押さえて、問題が
どこにあるのかを切り分けていきましょう。

原因を特定せずに当てずっぽうでプログラムの変更を続け
ても問題が解決しないばかりか、正常な部分のプログラムま
で壊してしまうこともあるので注意が必要です。

Androidアプリ開発のエラーは、大きく2つに分けること
ができます。

　1つは、プログラムがビルドできない「ビルドエラー」。もう1つは、プログラムはビルドできているが、アプリの実行中に不具合が発生して強制終了してしまう「実行時エラー」です。

▶ビルドエラー

　ビルドエラーとは、開発している Android アプリのプログラムやリソースをインストールできる形式に変換する過程でエラーが発生している状態を言います。ビルドエラーが発生すると Android Studio の画面にエラーが表示され、エラーの原因が修正されるまで開発中のアプリを実行することはできなくなります。

　ビルドエラーは、プログラムの文法が間違っていたり、レイアウトファイルの形式が間違っているときに発生します。ビルドエラーが発生した場合、エラーの表示が出ている箇所を調べて、エラーを解消することで再びビルドができるようになります。

▶実行時エラー

　一方の実行時エラーは、Android Studio でのビルドは正常にできていて、Android デバイスやエミュレーターで動作する過程で、エラーが発生している状態を言います。実行時エラーが発生すると、Android アプリを実行しているデバイスやエミュレーターの画面に「問題が発生しました」というメッセージが表示されてアプリが強制終了します。

　実行時エラーは、プログラムしたデータの取り扱い方を間違っていたり、Android アプリ開発の約束事を破ったりすることで発生します。

　例えば、数字を入力することを想定している場所にユーザーが誤ってアルファベットを入力する可能性があります。プログラムをするときに考慮していないと、その箇所で例外が発生して、アプリは強制終了してしまう場合があります。また、アプリからネットワーク通信をする場合、Android では、そのアプリがネットワーク通信をすることを明示するパーミッションを設定しておく必要がありますが、このパーミッションの設定を忘れてしまうと、通信処理で強制終了してしまいます。

　ビルドエラーと違って、実行時エラーの原因は多岐にわたり、修正も難しいものです。

　実行時エラーが起きたときに素早く問題を把握して、修正できるよう、Android には発生したエラーの内容をログとして出力する機能が備わっています。Android が出力するログは、Android Studio の Logcat から読み取ることができます。

▶ Android Monitor と Logcat

　Logcat は、Android が出力するログを読み取るツールです。アプリの実行状況を把握したり、実行時エラーの原因究明に欠かせないものです。

　初期状態では、Android Studio の下側にある Logcat に表示されています。もし画面に Logcat が表示されていない場合は、Command（Windows の場合は Alt）を押しながら 6 を押すと表示されます。

○図06.3：

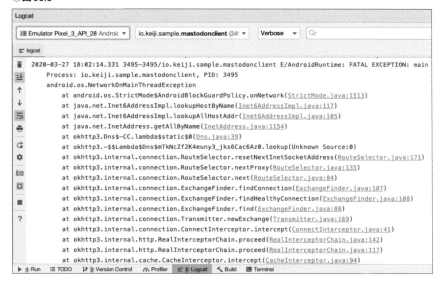

Logcatに表示される情報は、次のとおりです。

・発生日時　　　・出力元のアプリ
・レベル　　　　・タグ
・内容

ログは重要度に応じてレベルがあり、重要度の低いものから Verbose/Debug/Info/Warn/Error と並びます。設定することで、一定の重要度より上のログだけ表示することもできます。

○図06.4：

▶ Logcatを使ったエラーの原因究明

エラーが起こったとき、Androidの画面には「問題が発生したため」としか表示されません。これでは何が原因かわかりません。

そんなときはまず開発しているPCにデバイスを繋いで、Logcatに表示するログレベルをErrorに限定します。

次に、そのままではエラーのログが表示されない場合があるので右側のフィルター設定を無効（No Filters）に切り替えます。すると、先ほど発生したエラーのログ（**リスト06.3**）が表示されます。

　また、最近のAndroidのバージョンでは一度目のエラーではダイアログを表示しないものもあります。その場合、操作を繰り返して二度目のエラーが発生したときダイアログを表示します。または開発者向けオプションから「クラッシュダイアログを常に表示」を有効にすることで、一度目のエラーからダイアログを表示するようになります。

○リスト06.3：エラーのログ

```
2020-03-27 18:02:14.331 3495-3495/io.keiji.sample.mastodonclient E/AndroidRuntime:
    FATAL EXCEPTION: main
  Process: io.keiji.sample.mastodonclient, PID: 3495
  android.os.NetworkOnMainThreadException
      at android.os.StrictMode$AndroidBlockGuardPolicy.onNetwork(
          StrictMode.java:1513)
      at java.net.Inet6AddressImpl.lookupHostByName(Inet6AddressImpl.java:117)
      at java.net.Inet6AddressImpl.lookupAllHostAddr(Inet6AddressImpl.java:105)
      at java.net.InetAddress.getAllByName(InetAddress.java:1154)
      at okhttp3.Dns$-CC.lambda$static$0(Dns.java:39)
      at okhttp3.-$$Lambda$Dns$mTkNcZf2K4euny3_jks6Cac6Az0.lookup(Unknown Source:0)
      at okhttp3.internal.connection.RouteSelector.resetNextInetSocketAddress(
          RouteSelector.java:171)
```

　ここにある"NetworkOnMainThreadException"が、発生したエラーの具体的な内容です。

　例外NetworkOnMainThreadExceptionが発生しています。コードのどこかでメインスレッドでネットワークにアクセスしている箇所があるのが原因とわかります。

　実行時エラーが発生したときには「上手くいかない」と悩むのではなく、具体的にどこで、どのようなエラーが発生しているのか。Logcatを見て把握するようにしましょう。

Web APIに
アクセスする

本章では、AndroidアプリからWeb APIにアクセスする流れを解説しています。RetrofitによるHTTPアクセス、コルーチン（非同期処理）、JSONの取り扱い、リストと画像の表示などを説明しています。

Step 7 Mastodon APIへアクセスする

Mastodonは、インターネット上にあるサーバーで動作します。サーバーに格納されているデータにはAPIを通じてアクセスします。

Mastodon APIへのアクセスは、次の手順で行います。

・パーミッションを設定
・APIの定義（Retrofit 2）
・コードからの利用

パーミッションを設定

アプリからネットワークにアクセスするために「INTERNETパーミッション」が必要です。AndroidManifest.xmlを**リスト07.1**のように変更します。

Androidでアプリから特定の機能を利用するには、AndroidManifest.xmlで宣言しておく必要があります。これを「パーミッション」と言います。設定したパーミッションはインストール時にユーザーに提示して確認を求めるほか、アプリから機能を使うタイミングで明示的にユーザーの許可を得なければならない「ランタイムパーミッション」もあります。

○リスト07.1：app/src/main/AndroidManifest.xml

```
    <?xml version="1.0" encoding="utf-8"?>
    <manifest xmlns:android="http://schemas.android.com/apk/res/android"
        package="io.keiji.sample.mastodonclient">

+        <uses-permission android:name="android.permission.INTERNET" />        ①

        <application
```

①「/>」で終わる（空要素）

APIの定義（Retrofit）

通信はサーバー側のAPIに合わせて行う必要があります。Mastodon APIのドキュメントは、次のURLで確認できます。

🔲 https://docs.joinmastodon.org/client/

MastodonのAPIはREST（Representational State Transfer）と呼ばれる設計モデルで、あらかじめ決められたURI（Uniform Resource Identifier）にHTTP（Hypter Text Transfer Protocol）を使ってアクセスしてデータの送受信を行います。

HTTP通信は、Android標準のフレームワークでも対応していますが、ライブラリの

Retrofitを使うことで、Web APIへのアクセスを簡潔に記述できます。Retrofitは米Square社がオープンソースで開発しているHTTPクライアントライブラリです。

URL https://square.github.io/retrofit/

▶ライブラリの追加

build.gradleを開いて、dependenciesにRetrofitを追加します（**リスト07.2**）。

○リスト07.2：app/build.gradle

```
android {
    compileSdkVersion 29
    buildToolsVersion "29.0.3"

+    compileOptions {
+        sourceCompatibility = 1.8
+        targetCompatibility = 1.8
+    }                                      ①
+    kotlinOptions {
+        jvmTarget = 1.8
+    }

    dataBinding {
    // 省略
    }

    dependencies {
        // 省略
        implementation 'androidx.fragment:fragment-ktx:1.2.2'
+        implementation 'com.squareup.retrofit2:retrofit:2.7.1'    ②
    }
```

① ソース（プログラム）をJava 8系に準拠する（標準はJava 7系）
② Retrofitライブラリを追加。バージョンは、本書執筆時点で最新の2.7.1を指定する

▶APIの定義（公開タイムラインの取得）

Mastodonの公開タイムラインAPIにアクセスしてデータを取得します。公開タイムラインAPIのドキュメントは、次のURLで確認できます。

URL https://docs.joinmastodon.org/methods/timelines/

公開タイムラインは、Mastodonインスタンスの`api/v1/timelines/public`に、GETでリクエストすると取得できます。GETでのリクエストは、ブラウザのアドレスバーにURLを入力してアクセスするのと同じ意味です。
たとえば、ブラウザを開いて次のURLにアクセスします。

URL https://androidbook2020.keiji.io/api/v1/timelines/public

　このとき表示される文字列がAPIから取得したデータです。Webからアクセスした画面と比べると、Webのようにレイアウトはされておらず、操作をするためのUIもありません。WebがUIを含めた「Webサイト」を「表示」しているのに対して、APIは純粋にデータのみを「配信」する役割を担っています。

○図07.1：

　新しくクラスMastodonApiを作成して**リスト07.3**のように変更します。

○リスト07.3：.MastodonApi

```
package io.keiji.sample.mastodonclient

import okhttp3.ResponseBody
import retrofit2.Call
import retrofit2.http.GET

interface MastodonApi {

    @GET("api/v1/timelines/public")
    fun fetchPublicTimeline(
    ): Call<ResponseBody>            ①
}
```

① 公開（public）タイムラインにアクセスするAPIを宣言

Tips　sourceCompatibilityとは

　build.gradleでsourceCompatibilityを1.8に設定しました。この設定を忘れると、ビルド時に次のようなエラーが発生します。

○リスト07.4：ビルドエラー

```
Invoke-customs are only supported starting with Android O (--min-api 26)
Static interface methods are only supported starting with Android N (--min-api 24):
 okhttp3.Request okhttp3.Authenticator.lambda$static$0(okhttp3.Route, okhttp3.Response)
```

このエラーはRetrofitや、Retrofitが依存しているOkHttp3というライブラリがJava 8系の構文を前提に作られているために起きます。

本書では一貫してプログラム言語Kotlinを使ってプログラムを書いていますが、Androidは元々Java言語を使うように設計されています。Java言語にはいくつかバージョンがあって、7系と8系で利用できる構文が異なります。また、Androidのバージョンによって使えるJava言語のバージョンも異なります。8系の構文を使ったソースコードは、そのままでは対応前のAndroid向けにはコンパイルできません。しかし、compileOptionsにsoruceCompatibilityを指定することでコンパイルが可能になります。

これはJava 8系のコンパイラで出力したバイトコードを、7系向けに変換することで実現しています。変換を行うプログラムを糖衣構文（Syntax Sugar）を取り去ることから「desugar」と呼ばれます。また、変換操作そのものを「desugaring」と呼ぶこともあります。

参考：**URL** https://developer.android.com/studio/write/java8-support?hl=ja

コードからの利用

APIを定義したら、実際にAPIにアクセスします。クラスMainFragmentを**リスト07.5**のように変更します。

アプリを実行してボタンを押すと、画面は更新されずにホーム画面が表示されます。これ
○リスト07.5：.MainFragment

```
     import io.keiji.sample.mastodonclient.databinding.FragmentMainBinding
+    import retrofit2.Retrofit
+    import android.util.Log

     class MainFragment : Fragment(R.layout.fragment_main) {

+        companion object {
+            private val TAG = MainFragment::class.java.simpleName      ①
+            private const val API_BASE_URL = "https://androidbook2020.keiji.io"   ②
+        }

+        private val retrofit = Retrofit.Builder()
+            .baseUrl(API_BASE_URL)                                          ③
+            .build()
+        private val api = retrofit.create(MastodonApi::class.java)
```

```
        private var binding: FragmentMainBinding? = null
        override fun onViewCreated(view: View, savedInstanceState: Bundle?) {
            super.onViewCreated(view, savedInstanceState)

            binding = DataBindingUtil.bind(view)
            binding?.button?.setOnClickListener {
                binding?.button?.text = "clicked"
+               val response = api.fetchPublicTimeline()      ⎫
+                   .execute().body()?.string()              ⎬ ④
+               Log.d(TAG, response)           ⑤             ⎭
            }
        }
    }
```

① ログ出力用のタグ

② アクセスする Mastodon インスタンスの URL

③ Retrofit で API にアクセスする準備。アクセス先の URL と API の定義を指定して初期化する

④ 公開タイムライン API にアクセスして、サーバーからの応答を文字列で取得

⑤ 取得した結果をログに出力

はエラーが発生してアプリが強制終了したことを意味します。

　試しにもう一度アプリを起動して同じ操作をすると、今度はアプリが停止したことを告げるダイアログが表示されます。

　エラーの場合、Android Studio の Logcat を確認してください。

○図07.2：

○図07.3：

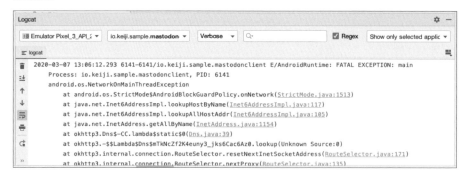

○リスト07.6：表示されるエラー

```
io.keiji.sample.mastodonclient E/AndroidRuntime: FATAL EXCEPTION: main
    Process: io.keiji.sample.mastodonclient, PID: 6141
    android.os.NetworkOnMainThreadException
        at android.os.StrictMode$AndroidBlockGuardPolicy.onNetwork(StrictMode.java:1513)
        at java.net.Inet6AddressImpl.lookupHostByName(Inet6AddressImpl.java:117)
```

　NetworkOnMainThreadExceptionは、メインスレッドでネットワークにアクセスしたときに発生する例外（Exception）です。Androidは、UIを更新するスレッドは1つだけで、メインスレッド（UIスレッド）と呼ばれます。

　onClickListenerに書く処理はすべてメインスレッド（UIスレッド）で実行されます。ネットワークアクセスをメインスレッドで実行すると、ネットワークアクセスが完了するまでUIを更新できません。

　こういったことを防ぐためメインスレッドの処理が一定時間以上になると、Androidのシステムはアプリケーションが応答していない警告を表示します。この警告は「ANR（Application Not Responding）」と呼ばれています。

　さらに、ネットワークに関しては、サーバーからの応答が遅くなったり、ネットワークの状況が良くなかったりして、実行完了までに時間がかかることが容易に予想されるため、そもそもメインスレッドからは実行できないように制限されています。

　NetworkOnMainThreadExceptionを出さないためには、ネットワークアクセスをメインスレッドで実行せず、非同期で実行する必要があります。

Step 8　コルーチンで非同期処理をする

　本書では非同期処理に「コルーチン（Coroutines）」を使います。コルーチンは、プログラム言語Kotlinが備える並列処理の仕組みです。

　コルーチンによる非同期処理は、次の手順で行います。

・ライブラリの追加（kotlinx.coroutines）
・API定義の調整（中断関数対応）
・コルーチンの起動

ライブラリの追加（kotlinx.coroutines）

　Kotlinが備えると言っても、コルーチンは標準で使えません。build.gradleを開いて、dependenciesにライブラリを追加する必要があります（リスト08.1）。

○リスト08.1：app/build.gradle

```
dependencies {
    // 省略
    implementation 'com.squareup.retrofit2:retrofit:2.7.1'
    implementation "org.jetbrains.kotlinx:kotlinx-coroutines-android:1.3.3"    ①
}
```

① coroutines-android を追加。バージョンは、本書執筆時点で最新の1.3.3を指定する

API定義の調整（中断関数）

コルーチンを使うにあたり、クラスMastodonApiを**リスト08.2**のように変更します。suspendキーワードはコルーチン内で実行される処理であることを示すものです。

○リスト08.2：.MastodonApi

```
    import okhttp3.ResponseBody
−   import retrofit2.Call
    import retrofit2.http.GET

    interface MastodonApi {

        @GET("api/v1/timelines/public")
−       fun fetchPublicTimeline(
−       ): Call<ResponseBody>
+       suspend fun fetchPublicTimeline(    ①
+       ): ResponseBody    ②
    }
```

① suspend キーワードを付けて中断関数として定義
② Call ではなく直接 ResponseBody を返す

コルーチンの起動

引き続き、クラスMainFragmentを**リスト08.3**のように変更します。

CoroutineScopeのインスタンスを作成してからlaunchでコルーチンを起動します。launchから始まる中括弧（‖）の中がコルーチンとして実行されます。また、CoroutineScopeをインスタンス化する際に実行スレッドを指定しています。

実行スレッドはいくつか用意されていて、Dispathers.IOは主にIO（入出力）向けの利用を想定して用意されたものです。他にもDispathers.Defaultは時間のかかる計算処理などでの利用が想定されています。

もちろんこれはあくまで目安で、たとえばDispatchers.IOで計算処理をすることもできるし、その逆も制限されているわけではありません。しかし、そのような使い方は当然メンテナンス性の低下に繋がるので、なるべく処理の実態と合わせることをお勧めします。

○リスト08.3：MainFragment

```
     import io.keiji.sample.mastodonclient.databinding.FragmentMainBinding
+    import kotlinx.coroutines.CoroutineScope
+    import kotlinx.coroutines.Dispatchers
+    import kotlinx.coroutines.launch
     import retrofit2.Retrofit

     class MainFragment : Fragment(R.layout.fragment_main) {
         // 省略
         override fun onViewCreated(view: View, savedInstanceState: Bundle?) {
             super.onViewCreated(view, savedInstanceState)
             binding = DataBindingUtil.bind(view)
             binding?.button?.setOnClickListener {
                 binding?.button?.text = "clicked"
-                val response = api.fetchPublicTimeline()
-                    .execute().body()?.string()
-                Log.d(TAG, response)
+                CoroutineScope(Dispatchers.IO).launch {
+                    val response = api.fetchPublicTimeline().string()
+                    Log.d(TAG, response)
+                    binding?.button?.text = response
+                }
             }
         }
     }
```

① IO用のスレッドで非同期処理

　ここまで変更してから、アプリを実行してボタンを押すと、やはりアプリは終了してしまうでしょう。Logcatを見てエラーの内容を確認します。

○リスト08.4：Logcatに表示されるエラー

```
io.keiji.sample.mastodonclient E/AndroidRuntime: FATAL EXCEPTION: DefaultDispatcher-
worker-1
    Process: io.keiji.sample.mastodonclient, PID: 7052
    android.view.ViewRootImpl$CalledFromWrongThreadException:
    Only the original thread that created a view hierarchy can touch its views.
        at android.view.ViewRootImpl.checkThread(ViewRootImpl.java:7753)
```

　エラーの手前で通信結果（Mastodonサーバーからの応答）がログに出力されていることに注目しましょう。サーバーと通信して、その結果をログに出力するまではできていますが、その次のボタンに表示するところで失敗しています。

　ログのCalledFromWrongThreadExceptionは、間違ったスレッドで処理が実行されたときに発生する例外です。今回の場合、Dispathers.IOで用意されているスレッドからUIを更新しようとしたため例外が発生しました。この問題を解決するために、ネットワークアクセスは非同期に実行して、UIの更新はメインスレッドに引き継がなければなりません。

▶実行スレッドの切り替え

　再びMainFragmentをリスト08.5のように変更します。

○リスト08.5：.MainFragment

```
     import kotlinx.coroutines.launch
+    import kotlinx.coroutines.withContext
     import retrofit2.Retrofit

     class MainFragment : Fragment(R.layout.fragment_main) {

         override fun onViewCreated(view: View, savedInstanceState: Bundle?) {
             super.onViewCreated(view, savedInstanceState)

             binding = DataBindingUtil.bind(view)
             binding?.button?.setOnClickListener {
                 binding?.button?.text = "clicked"
                 CoroutineScope(Dispatchers.IO).launch {
                     val response = api.fetchPublicTimeline().string()
                     Log.d(TAG, response)
-                    binding?.button?.text = response
+                    withContext(Dispatchers.Main) {
+                        binding?.button?.text = response
+                    }
                 }
             }
         }
     }
```

①
②

① IO用のスレッドで実行
② メインスレッドで実行

withContextにDispacthersを指定することで、コルーチン
の実行スレッドを切り替えることができます。

実行すると、サーバーからの応答をボタンのラベルとして
表示します。デザイン面はともかく、APIからデータを取得
して画面に表示する目的は達成できました。

▶メインスレッドを基準にしたコルーチン

リスト08.5と同じ動作をするコードはリスト08.6のように
書くこともできます。

○リスト08.6：io.keiji.sample.mastodonclient.MainFragment

```
CoroutineScope(Dispatchers.Main).launch {
    val response = withContext(Dispatchers.IO) {
        api.fetchPublicTimeline().string()
    }
    Log.d(TAG, response)
    binding?.button?.text = response
}
```

②
①

① メインスレッドで実行
② IO用のスレッドで実行

○図08.1：

080

　この場合、CoroutineScopeにメインスレッド（Dispatchers.Main）を指定して、fetchPublicTimelineの処理をIOスレッドで実行しています。withContextは、内部で実行する処理の結果を戻り値として返すことができます。fetchPublicTimeline()の実行結果からstringを取得したものが実行結果になります。

Step 9　JSONを取り扱う

　Mastodon APIの応答はJSON（JavaScript Object Notation）形式です。たとえば、公開タイムラインのJSONは**リスト09.1**のようになります。

○リスト09.1：公開タイムラインのJSON（抜粋）

```json
[
  {
    "id": "103825585176737653",
    "created_at": "2020-03-15T06:11:43.555Z",
    "sensitive": false,
    "visibility": "public",
    "uri": "https://androidbook2020.keiji.io/users/keiji/statuses/103825585176737653",
    "url": "https://androidbook2020.keiji.io/@keiji/103825585176737653",
    "content": "\u003cp\u003eGoogle I/Oの写真を見返すと、今年、COVID-19の影響で中止になってしまっ
たのが本当に残念。\u003c/p\u003e",
    "account": {
      "id": "2",
      "username": "keiji",
      "display_name": "keiji",
      "url": "https://androidbook2020.keiji.io/@keiji"
    },
    "media_attachments": [
      {
        "id": "16",
        "type": "image",
        "url": "https://androidbook2020.keiji.io/system/media_attachments/
        files/000/000/016/original/4fcc7a9ce28f1f6d.jpeg?1584252620",
        "text_url": "https://androidbook2020.keiji.io/media/DjAcuKR9ii_ul6QbULk"
      },
      ...
    ]
  },
  ...
]
```

　JSONが具体的にどういう情報を含むのかは前述のドキュメント[注1]にもすべての記載があるわけではありません。整形すれば人間が理解するのは容易なので、アプリの実装に必要な部分を取得する処理を書くことになります。

　JSON形式のテキストを読み取って、クラスのオブジェクトに変換するソフトウェアは「パーサー」と呼ばれます。

注1　**URL** https://docs.joinmastodon.org/methods/timelines/

　JSONのパーサーはAndroidのフレームワークにも含まれていますが、キーを指定して1つずつデータを取得する必要があり煩雑になってしまいます。本書では、米Square社がオープンソースで開発しているJSONパーサーライブラリ「Moshi」を使います。

　MoshiによるJSONのパースは、次の手順で行います。

- ライブラリの追加（moshi）
- データクラスの作成
- API定義の調整
- コードからの利用

ライブラリの追加（moshi）

　build.gradle を 開 い て、dependencies に Moshi と、Retrofit の Moshi用 コ ン バ ー タ ー（converter-moshi）を追加します（**リスト09.2**）。

○リスト09.2：app/build.gradle

```
  dependencies {
      // 省略
      implementation 'com.squareup.retrofit2:retrofit:2.7.1'
      implementation "org.jetbrains.kotlinx:kotlinx-coroutines-android:1.3.3"
+     implementation "com.squareup.moshi:moshi-kotlin:1.9.2"          ①
+     implementation 'com.squareup.retrofit2:converter-moshi:2.7.0'   ②
  }
```

① moshi-kotlin を追加。バージョンは、本書執筆時点で最新の1.9.2を指定する

② converter-moshi は、Moshi ではなく Retrofit に属している。バージョンは、本書執筆時点で最新の2.7.0を指定する

データクラスの作成

　アカウント情報「Account」クラス（**リスト09.3**）と、投稿「Toot」クラス（**リスト09.4**）を新しく作成します。Mastodonでは投稿のことをToot（トゥート）と呼びます。

○リスト09.3：.Account

```
  package io.keiji.sample.mastodonclient

  import com.squareup.moshi.Json

  data class Account(          ①
      val id: String,
      val username: String,
      @Json(name = "display_name") val displayName: String,   ②
      val url: String
  )
```

① data キーワードを付けて Kotlin の data クラスとして宣言
② Kotlin の変数名と異なるキーを指定

○リスト 09.4：.Toot

```
package io.keiji.sample.mastodonclient

import com.squareup.moshi.Json

data class Toot(
    val id: String,
    @Json(name = "created_at") val createdAt: String,
    val sensitive: Boolean,
    val url: String,
    val content: String,
    val account: Account        ①
)
```

① account キーの示す連想配列を Account クラスのオブジェクトに変換する

　Moshi は、クラスのプロパティを JSON のキーと同じにすることで、JSON のキーの値を、オブジェクトの同名のプロパティに代入します。たとえば JSON で id のキーで得られる文字列はプロパティ id に、username のキーで得られる文字列を username がそれぞれ対応します。
　JSON のキーの命名は「_」で区切るスネークケース（snake_case）です。一方、Kotlin の変数名は単語の境界を大文字にするキャメルケース（CamelCase）が一般的です。
　Moshi は display_name と displayName はそのままでは別の名前と認識するので割り当てができません。そのため、@Json アノテーションで明示的にキー「display_name」とプロパティ「displayName」をマッピングします。

API定義の調整

　これまでは ResponseBody を取得して文字列型の値を得ていました。JSON のパースは Moshi に任せて、直接 Toot オブジェクトのリスト形式を得るように変更します。

○リスト 09.5：.MastodonApi

```
-    import okhttp3.ResponseBody
-    import retrofit2.Call
     import retrofit2.http.GET

     interface MastodonApi {

         @GET("api/v1/timelines/public")
         suspend fun fetchPublicTimeline(
-        ): ResponseBody
+        ): List<Toot>
     }
```

コードからの利用

Retrofitに、MoshiでJSONをパースすることを指定します。MainFragmentを**リスト09.6**のように変更します。

○リスト09.6：.MainFragment

```
package io.keiji.sample.mastodonclient

import android.os.Bundle
import android.view.View
import androidx.databinding.DataBindingUtil
import androidx.fragment.app.Fragment
import com.squareup.moshi.Moshi
import com.squareup.moshi.kotlin.reflect.KotlinJsonAdapterFactory
import io.keiji.sample.mastodonclient.databinding.FragmentMainBinding
import kotlinx.coroutines.CoroutineScope
import kotlinx.coroutines.Dispatchers
import kotlinx.coroutines.launch
import kotlinx.coroutines.withContext
import retrofit2.Retrofit
import retrofit2.converter.moshi.MoshiConverterFactory

class MainFragment : Fragment(R.layout.fragment_main) {

    companion object {
        // 省略
    }

    private val moshi = Moshi.Builder()
        .add(KotlinJsonAdapterFactory())          ①
        .build()

    private val retrofit = Retrofit.Builder()
        .baseUrl(API_BASE_URL)
        .addConverterFactory(MoshiConverterFactory.create(moshi))    ②
        .build()
    private val api = retrofit.create(MastodonApi::class.java)

    private var binding: FragmentMainBinding? = null

    override fun onViewCreated(view: View, savedInstanceState: Bundle?) {
        super.onViewCreated(view, savedInstanceState)

        binding = DataBindingUtil.bind(view)
        binding?.button?.setOnClickListener {
            binding?.button?.text = "clicked"
            CoroutineScope(Dispatchers.IO).launch {
                val response = api.fetchPublicTimeline().string()
                Log.d(TAG, response)
                withContext(Dispatchers.Main) {
                    binding?.button?.text = response
                }
                val tootList = api.fetchPublicTimeline()
                showTootList(tootList)
            }
        }
    }
```

```
            }
        // 省略
+    private suspend fun showTootList(
+        tootList: List<Toot>
+    ) = withContext(Dispatchers.Main) {
+        val binding = binding ?: return@withContext
+        val accountNameList = tootList.map { it.account.displayName }
+        binding.button.text = accountNameList.joinToString("\n")
+    }
    }
```
③

① Moshi.Builder で Moshi のインスタンスを生成
② Moshi を使って JSON をパースするように Retrofit に登録（追加）
③ Toot オブジェクトのリストについて各要素の displayName をボタンに表示

　showTootList メソッドは、withContext で処理を実行するスレッドを指定してします。?:
はエルビス演算子と呼ばれます。binding が null の場合、return@withContext でメソッドを
終了します（withContext の中にあるので、return ではなく return@withContext を明示す
る必要があります）。

　tootList には Toot オブジェクトが格納されています。map で Toot のアカウントの
displayName だけを取り出してリストに変換します。変換した displayNameList は、最終的
に jsonToString でそれぞれの要素を改行でつないで、ボタンのラベルに設定します。

　アプリを実行すると、各 Toot の名前（displayName）だけ表示されます。

Step 10　リスト形式で表示する

　JSON をパースすることで Toot オブジェクトのリストを取得できました。次に、リスト形
式のデータ表示をしてみます。

　リスト形式の表示の厄介なところは、リストの要素が何百件・何千件となったときに、画
面にすべてをロードしてしまうとメモリがいくらあっても足りなくなるところです。見えて
いる範囲の要素だけ画面に表示することでメモリを節約する必要があります。

　Android では以前は ListView という部品が使われていましたが、現在では RecyclerView
が一般的に使われています。RecyclerView によるリストは、次の手順で行います。

・ ライブラリの追加（RecyclerView）
・ 要素を表示するレイアウトの作成
・ RecyclerView の Adapter を作成
・ レイアウトを作成
・ Fragment を作成

ライブラリの追加（RecyclerView）

まずはじめにbuild.gradleを開いて、dependenciesにRecyclerViewを追加します（リスト10.1）。

○リスト10.1：app/build.gradle

```
dependencies {
    // 省略
    implementation 'com.squareup.retrofit2:converter-moshi:2.7.0'
+    implementation 'androidx.recyclerview:recyclerview:1.1.0'    ①
}
```

① recyclerview を追加。バージョンは本書執筆時点で最新の1.1.0を指定する

要素を表示するレイアウトの作成

要素を表示するレイアウトとして、新しく画面レイアウト list_item_toot.xml を作成します（リスト10.2）。

○リスト10.2：res/layout/list_item_toot.xml

```
<?xml version="1.0" encoding="utf-8"?>
<layout xmlns:android="http://schemas.android.com/apk/res/android"
    xmlns:app="http://schemas.android.com/apk/res-auto"              ①
    xmlns:tools="http://schemas.android.com/tools">

    <androidx.constraintlayout.widget.ConstraintLayout
        android:layout_width="match_parent"
        android:layout_height="wrap_content"
        tools:context=".MainActivity">

        <TextView
            android:id="@+id/user_name"

            android:layout_width="match_parent"
            android:layout_height="wrap_content"
            app:layout_constraintEnd_toEndOf="parent"
            app:layout_constraintStart_toStartOf="parent"
            app:layout_constraintTop_toTopOf="parent"
            tools:text="keiji" />

        <TextView
            android:id="@+id/content"
            android:layout_width="match_parent"
            android:layout_height="wrap_content"
            app:layout_constraintEnd_toEndOf="parent"
            app:layout_constraintStart_toStartOf="parent"
```

```
            app:layout_constraintTop_toBottomOf="@+id/user_name"
            tools:text="ちなみに今日の時点でのAndroid Studioから見えるバージョン別シェア。
            よくよく考えたらAndroid Pieの記載がないので、Android Studioが表示しているデータはかなり
            古い。" />

    </androidx.constraintlayout.widget.ConstraintLayout>

</layout>
```

① DataBindingの対象とする

　このレイアウトをデザインビューで見ると図10.1のようになります。表示部分を拡大していますが、android:textで設定していないテキストがデザインビューには表示されているのがわかります。

○図10.1：

　　本来、TextViewに文字列を設定するのはandroid:text属性の役割です。しかし、リスト10.2ではtools:text属性を使っています。

　tools Namespaceは、実際の動作に影響せず、デザインビューで表示するための名前空間です。デザインビューは、たとえばtools:textが指定されているViewについてはandroid:text属性が指定されているものとしてプレビュー表示します。同様に、画像を表示するtools:src属性などがあります。

RecyclerView の Adapter を作成

RecyclerView でリストを表示するために、新しくクラス TootListAdapter を作成します
（リスト 10.3）。

○リスト 10.3：.TootListAdapter

```
package io.keiji.sample.mastodonclient

import android.view.LayoutInflater
import android.view.ViewGroup
import androidx.databinding.DataBindingUtil
import androidx.recyclerview.widget.RecyclerView
import io.keiji.sample.mastodonclient.databinding.ListItemTootBinding

class TootListAdapter(
    private val layoutInflater: LayoutInflater,
    private val tootList: ArrayList<Toot>
) : RecyclerView.Adapter<TootListAdapter.ViewHolder>() {        ①

    override fun getItemCount() = tootList.size        ②

    override fun onCreateViewHolder(
        parent: ViewGroup,
        viewType: Int
    ): ViewHolder {
        val binding = DataBindingUtil.inflate<ListItemTootBinding>(
            layoutInflater,
            R.layout.list_item_toot,                                    ③
            parent,
            false
        )
        return ViewHolder(binding)
    }

    override fun onBindViewHolder(
        holder: ViewHolder,
        position: Int                                    ④
    ) {
        holder.bind(tootList[position])
    }

    class ViewHolder(        ⑤
        private val binding: ListItemTootBinding
    ) : RecyclerView.ViewHolder(binding.root) {
        fun bind(toot: Toot) {
            binding.userName.text = toot.account.username        ⑥
            binding.content.text = toot.content
        }
    }
}
```

① RecyclerView.Adapter を継承する

② リストの要素数を知らせる

③ viewType に応じた ViewHolder のインスタンスを生成する。今回は ViewHolder は 1 つだけ viewType は考慮しない

④ onCreateViewHolder で生成した ViewHolder インスタンスに、リストの position で示される位置の要素をバインドする

⑤ Toot オブジェクトの内容を DataBinding に表示する

レイアウトを作成

新しく画面レイアウト fragment_toot_list.xml を作成して、**リスト 10.4** のようにします。

○リスト 10.4：res/layout/fragment_toot_list.xml

```xml
<?xml version="1.0" encoding="utf-8"?>
<layout xmlns:android="http://schemas.android.com/apk/res/android"
    xmlns:tools="http://schemas.android.com/tools">

    <androidx.constraintlayout.widget.ConstraintLayout
        android:layout_width="match_parent"
        android:layout_height="match_parent">

        <androidx.recyclerview.widget.RecyclerView
            android:id="@+id/recycler_view"
            android:layout_width="match_parent"
            android:layout_height="match_parent"
            android:scrollbars="vertical"          ①
            tools:listitem="@layout/list_item_toot" />    ②

    </androidx.constraintlayout.widget.ConstraintLayout>
</layout>
```

① 縦方向にスクロールバーを表示

② プレビュー表示用の要素を指定

このレイアウトをデザインビューで見ると**図 10.2** のようになります。

○図10.2：

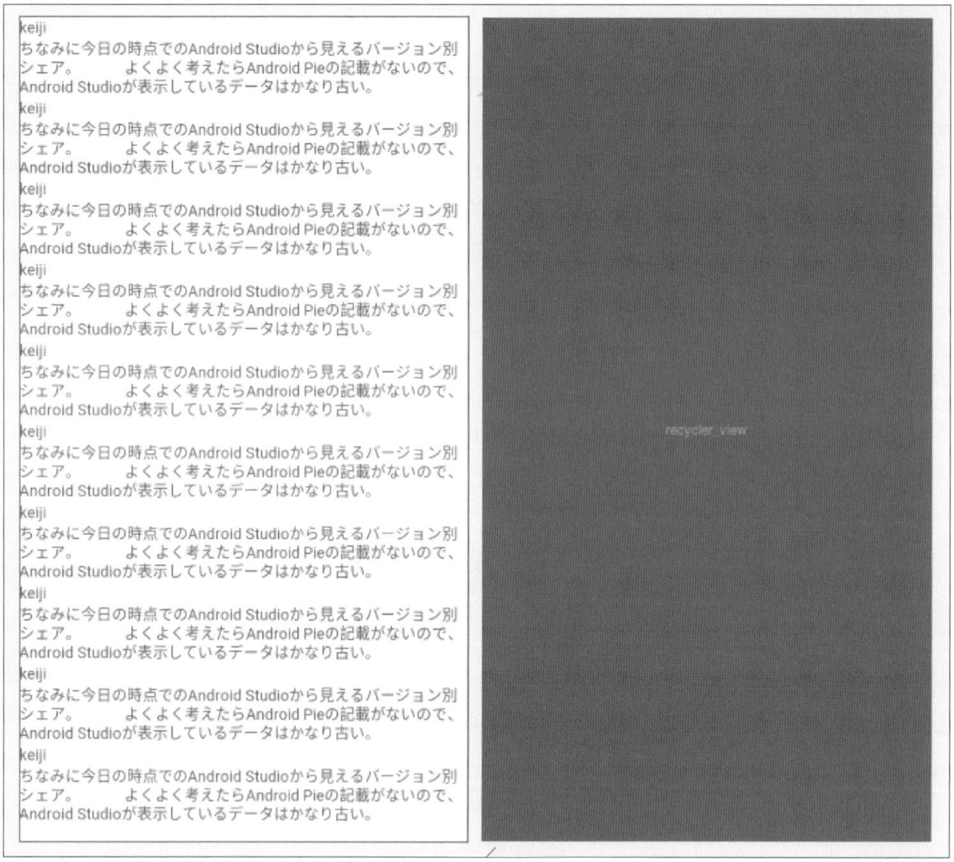

keiji
ちなみに今日の時点でのAndroid Studioから見えるバージョン別シェア。　　よくよく考えたらAndroid Pieの記載がないので、Android Studioが表示しているデータはかなり古い。

keiji
ちなみに今日の時点でのAndroid Studioから見えるバージョン別シェア。　　よくよく考えたらAndroid Pieの記載がないので、Android Studioが表示しているデータはかなり古い。

recycler_view

Fragmentを作成

新しくクラスクラス TootListFragmnet を作成して、**リスト10.5**のようにします。

基本的にはMainFragmentの内容をコピーして、新しいクラス名に合わせて修正する作業です。

○リスト10.5：.TootListFragment

```
package io.keiji.sample.mastodonclient

import android.os.Bundle
import android.view.View
import androidx.databinding.DataBindingUtil
import androidx.fragment.app.Fragment
import androidx.recyclerview.widget.LinearLayoutManager
import com.squareup.moshi.Moshi
import com.squareup.moshi.kotlin.reflect.KotlinJsonAdapterFactory
import io.keiji.sample.mastodonclient.databinding.FragmentTootListBinding
import kotlinx.coroutines.CoroutineScope
import kotlinx.coroutines.Dispatchers
import kotlinx.coroutines.launch
import kotlinx.coroutines.withContext
import retrofit2.Retrofit
import retrofit2.converter.moshi.MoshiConverterFactory

class TootListFragment : Fragment(R.layout.fragment_toot_list) {

    companion object {
        val TAG = TootListFragment::class.java.simpleName

        private const val API_BASE_URL = "https://androidbook2020.keiji.io"
    }

    private var binding: FragmentTootListBinding? = null

    private val moshi = Moshi.Builder()
        .add(KotlinJsonAdapterFactory())
        .build()
    private val retrofit = Retrofit.Builder()
        .baseUrl(API_BASE_URL)
        .addConverterFactory(MoshiConverterFactory.create(moshi))
        .build()
    private val api = retrofit.create(MastodonApi::class.java)

    private val coroutineScope = CoroutineScope(Dispatchers.IO)

    private lateinit var adapter: TootListAdapter
    private lateinit var layoutManager: LinearLayoutManager

    private val tootList = ArrayList<Toot>()          ①

    override fun onViewCreated(view: View, savedInstanceState: Bundle?) {
        super.onViewCreated(view, savedInstanceState)

        adapter = TootListAdapter(layoutInflater, tootList)     ②
        layoutManager = LinearLayoutManager(
            requireContext(),
            LinearLayoutManager.VERTICAL,                       ③
            false)
        val bindingData: FragmentTootListBinding? = DataBindingUtil.bind(view)
```

```
    binding = bindingData ?: return

    bindingData.recyclerView.also {
        it.layoutManager = layoutManager
        it.adapter = adapter                    ④
    }

    coroutineScope.launch {
        val tootList = api.fetchPublicTimeline()
        tootList.addAll(tootList)               ⑤
        reloadTootList()
    }
}

override fun onDestroyView() {
    super.onDestroyView()

    binding?.unbind()
}

private suspend fun reloadTootList() = withContext(Dispatchers.Main) {
    adapter.notifyDataSetChanged()        ⑥
}

}
```

① 読み込み済みのTootのリストをクラスのメンバ変数で保持する

② TootListAdapterをインスタンス化する。コンストラクタにtootListを与える

③ 表示するリストの並べ方（レイアウト方法）を指定する。VERTICALは縦方向に並べる
指定

④ TootListAdapter（表示内容）とLayoutManager（レイアウト方法）をRecyclerViewに
設定する

⑤ APIから取得したTootのリストをメンバ変数のリストに追加して表示内容を再読み込み

⑥ Adapterにデータが更新されたことを伝える

　MainActivityを開いて、TootListFragmentを表示するように変更します（**リスト10.6**）。

○リスト10.6：.MainActivity

```
override fun onCreate(savedInstanceState: Bundle?) {
    super.onCreate(savedInstanceState)
    setContentView(R.layout.activity_main)

    if (savedInstanceState == null) {
-       val fragment = MainFragment()
+       val fragment = TootListFragment()      ①
        supportFragmentManager.beginTransaction()
            .add(
```

```
                        R.id.fragment_container,
                        fragment,
-                       MainFragment::class.java.simpleName
+                       TootListFragment.TAG        ②
                    )
                    .commit()
            }
        }
```

① TootListFragment をインスタンス化
② FragmnetManager に追加する際に指定する TAG を変更

　アプリを起動すると、**図10.3**のようになります。画面をスクロールすると下の要素まで表示読できます。

○図10.3：

 ## Step 11　一方向データバインディングを使う

　Toot リストの1つの要素（オブジェクト）は、RecyclerView の行にどのように表示するのでしょうか。これまでは TootListAdapter の ViewHolder で指定していました。

　DataBinding の機能である「一方向データバインディング」を使えば、表示する情報をレイアウトXML側で指定できます。一方向データバインディングの利用は、次の手順で行います。

- レイアウトXMLに一方向データバインディングを適用
- DataBinding オブジェクトにデータを設定

レイアウトXMLに一方向データバインディングを適用

　画面レイアウト list_item_toot.xmllist_item_toot.xml を開いて、**リスト11.1**のように変更します。

○リスト 11.1：res/layout/list_item_toot.xml

```xml
<?xml version="1.0" encoding="utf-8"?>
<layout xmlns:android="http://schemas.android.com/apk/res/android"
    xmlns:app="http://schemas.android.com/apk/res-auto"
    xmlns:tools="http://schemas.android.com/tools">

    <data>

        <variable
            name="toot"                                        ②
            type="io.keiji.sample.mastodonclient.Toot" />      ③   ①
    </data>

    <androidx.constraintlayout.widget.ConstraintLayout
        android:layout_width="match_parent"
        android:layout_height="wrap_content"
        tools:context=".MainActivity">

        <TextView
            android:id="@+id/user_name"
            android:layout_width="match_parent"
            android:layout_height="wrap_content"
            android:text="@{toot.account.username}"             ④
            app:layout_constraintEnd_toEndOf="parent"
            app:layout_constraintStart_toStartOf="parent"
            app:layout_constraintTop_toTopOf="parent"
            tools:text="keiji" />

        <TextView
            android:id="@+id/content"
            android:layout_width="match_parent"
            android:layout_height="wrap_content"
            android:text="@{toot.content}"                     ⑤
            app:layout_constraintEnd_toEndOf="parent"
            app:layout_constraintStart_toStartOf="parent"
            app:layout_constraintTop_toBottomOf="@+id/user_name"
            tools:text="ちなみに今日の時点でのAndroid Studioから見えるバージョン別シェア。
            よくよく考えたらAndroid Pieの記載がないので、Android Studioが表示しているデータはか
            なり古い。" />

    </androidx.constraintlayout.widget.ConstraintLayout>

</layout>
```

① レイアウトにクラス Toot を結びつけて、toot という名前で参照
② データに toot というプロパティ名でアクセスする
③ クラスをパッケージ名から指定
④ android:text 属性の値に toot.account.username を設定
⑤ android:Text 属性の値に toot.content を設定

DataBinding オブジェクトにデータを設定

TootListAdapter.ViewHolder の bind メソッドを**リスト11.2**のように変更します。

○リスト11.2：.TootListAdapter

```
    class ViewHolder(
        private val binding: ListItemTootBinding
    ) : RecyclerView.ViewHolder(binding.root) {
        fun bind(toot: Toot) {
-           binding.userName.text = toot.account.username
-           binding.content.text = toot.content
+           binding.toot = toot
        }
    }
```

変更したものを実行しても表示される内容は変わりません。

　一方向データバインディングを使えば、コード側はDataBindingのオブジェクトに対してtootオブジェクトを設定だけすればよくなります。レイアウトのViewとデータの結びつきをコード側が知っている必要がなくなるため、メンテナンス性の向上が期待できます。

何事もやり過ぎは良くないという話

データバインディングは便利な機能です。しかし、便利であるが故に、どこまでをレイアウトに書いて、どこからをコードが担当するか、判断が難しいこともあります。

データバインディングは内部的にはレイアウトXMLを元にJava言語のコードを生成します。したがって、たとえば**リスト11.3**のような書き方もできてしまいます。

○リスト11.3：DataBinding の極端な例

```
<TextView
    android:id="@+id/user_name"
    android:layout_width="match_parent"
    android:layout_height="wrap_content"
    android:text='@{
        android:text='@{
            toot.account.username.trim().length() &gt; 10
                ? toot.account.displayName : toot.account.username
        }'
    }'
    app:layout_constraintEnd_toEndOf="parent"
    app:layout_constraintStart_toStartOf="parent"
    app:layout_constraintTop_toTopOf="parent"
    tools:text="keiji" />
```

この「usernameの長さに応じて表示する名前を変更する処理」を、はたしてレイアウトに書くべきなのかは大いに疑問があるところです。XML中では > や < などの文字はそのまま使うことができないので > 、 < と書く必要があります。これでは可読性が低くなるし、コメントも書けない（書かないではなく、書けない）のでメンテナンス性の面でも良い影響があるとは思えません。

データの表示にあたって前処理が必要であるならば、Accountクラスにプロパティを作成することを検討するのがよいでしょう。もし表示の前処理をデータに持たせるのが適当でないと考えるなら、この次に紹介するBindingAdapterの利用を検討してください。

BindingAdapter の利用

Mastodon APIから取得したTootのcontentにはHTML（Hyper Text Markup Language）のタグが含まれています。現状ではマークアップは無視されて、タグを含めてそのまま文字列として表示されています。

TextViewが用意している属性には、設定した文字列をHTMLとしてパースするものがありません。android:textで設定した「文字列」はそのまま文字列として表示されます。

HTMLのマークアップを反映して表示するには、HtmlCompatでString型のオブジェクトをSpanned型に変換する必要があります。

マークアップをSpannedに変換してからandroid:textに指定するためにBindingAdapterを使います。BindingAdapterはDataBindingの機能の1つで、ViewのメソッドとXMLの属性を結びつけることができます。

新しくファイルDataBindingDataAdapter.ktを作成して**リスト11.4**のようにします。

○リスト11.4：.DataBindingAdapter.kt

```
package io.keiji.sample.mastodonclient

import android.widget.TextView
import androidx.core.text.HtmlCompat
import androidx.databinding.BindingAdapter

@BindingAdapter("spannedContent")        ①
fun TextView.setSpannedString(content: String) {
    text = HtmlCompat.fromHtml(
        content,
        HtmlCompat.FROM_HTML_MODE_COMPACT    ③    ②
    )
}
```

① メソッドをDataBindingからspannedContent属性として利用する
② TextViewクラスにsetSpannedStringメソッドを追加（Kotlinの拡張関数）
③ HTMLの文字列をSpannedに変換してTextViewのtextプロパティに設定するメソッド

DataBindingAdapter.ktは、DataBindingで使う属性を定義した拡張関数をまとめておくために作成したもので、クラスを宣言するファイルではありません。

拡張関数の追加とBindingAdapterアノテーションによる属性名の定義を終えたら、次にlist_item_toot.xmlを**リスト11.5**のように変更します。

○リスト11.5：res/layout/list_item_toot.xml

```
    <TextView
        android:id="@+id/content"
        android:layout_width="match_parent"
        android:layout_height="wrap_content"
-       android:text="@{toot.content}"
+       app:spannedContent="@{toot.content}"        ①
        app:layout_constraintEnd_toEndOf="parent"
        app:layout_constraintStart_toStartOf="parent"
```

```
                app:layout_constraintTop_toBottomOf="@+id/user_name" />

    </androidx.constraintlayout.widget.ConstraintLayout>

</layout>
```

① BindingAdapter に指定した属性名を app:spannedContent として指定している。

 アプリを実行すると、内容が HTML として表示されます。

○図 11.1：

Step 12　添付画像を表示するための準備

Toot に添付されている画像を表示する準備をします。準備は、次の手順で行います。

・Media の取得

Mediaの取得

添付画像の情報（Media）はMastodon APIから得られるJSONに含まれてはいるものの、アプリ側で取り扱える状態になっていません。そこで、新しくクラスMediaを作成して**リスト12.1**のようにします。

○リスト12.1：.Media

```
package io.keiji.sample.photos

import com.squareup.moshi.Json

data class Media(
    val id: String,
    val type: String,
    val url: String,
    @Json(name = "preview_url") val previewUrl: String
)
```

次にTootクラスを**リスト12.2**のようにして、mediaAttachmentsとして取り扱いできるようにします。

○リスト12.2：.Toot

```
    data class Toot(
        val id: String,
        @Json(name = "created_at") val createdAt: String,
        val sensitive: Boolean,
        val url: String,
+       @Json(name = "media_attachments") val mediaAttachments: List<Media>,    ①
        val content: String,
        val account: Account
-   )
+   ) {
+       val topMedia: Media?
+           get() = mediaAttachments.firstOrNull()                               ②
+   }
```

① Mediaのリストを追加

② リストから最初のMediaを取得。存在しない場合はnullを返す

Step 13 添付画像を表示する

JSONから取得したMedia情報にはURL（preview_url）しか含まれていません。ここからさらに画像データをダウンロードして、表示する必要があります。

画像データは容量が大きく、ネットワークアクセスが発生すると処理が煩雑になりがちで

す。そこで本書では画像表示ライブラリ「Glide」を使って画像を表示します。

URL https://github.com/bumptech/glide

　Glideは、米Bump社が開発してオープンソース化したライブラリです。同社がGoogleに買収された後はSam Judd氏[注2]が主導して開発を継続しています。

　Glideによる画像の表示は、次の手順で行います。

- ライブラリの追加（glide）
- BindingAdapterを追加
- レイアウトの変更

ライブラリの追加（glide）

　build.gradleを開いて、dependenciesにglideを追加します（**リスト13.1**）。

○リスト13.1：app/build.gradle

```
    dependencies {
        // 省略
        implementation 'androidx.recyclerview:recyclerview:1.1.0'
+       implementation 'com.github.bumptech.glide:glide:4.10.0'  ┐
+       kapt 'com.github.bumptech.glide:compiler:4.10.0'         ┘ ①
    }
```

① glideを追加。バージョンは本書執筆時点で最新の4.10.0を指定する。

BindingAdapterを追加

　DataBindingAdapter.ktを開いて、**リスト13.2**のように変更します。

○リスト13.2：.DataBindingAdapter.kt

```
+       import android.widget.ImageView
        import android.widget.TextView
        import androidx.core.text.HtmlCompat
        import androidx.databinding.BindingAdapter
+       import com.bumptech.glide.Glide

        @BindingAdapter("spannedContent")
```

注2　sjudd：**URL** https://github.com/sjudd、samajudd：**URL** https://twitter.com/samajudd

```
    \
        fun TextView.setSpannedString(content: String) {
            // 省略
        }

+       @BindingAdapter("media")          ①
+       fun ImageView.setMedia(media: Media?) {
+           if (media == null) {
+               setImageDrawable(null)        ③
+               return
+           }                                       ②
+           Glide.with(this)
+                   .load(media.url)     ④
+                   .into(this)
+       }
```

① DataBinding から media 属性として利用

② ImageView クラスを拡張して setMedia メソッドを追加

③ media が null であれば（添付画像が存在しない）、ImageView をクリアする

④ Glide による画像のダウンロードと ImageView への表示

レイアウトの変更

list_item_toot.xml に画像を表示する View を追加します（リスト 13.3）。

○リスト 13.3：res/layout/list_item_toot.xml

```
            <TextView
                android:id="@+id/content"
                android:layout_width="match_parent"
                android:layout_height="wrap_content"
                app:spannedContent="@{toot.content}"
                app:layout_constraintEnd_toEndOf="parent"
                app:layout_constraintStart_toStartOf="parent"
                app:layout_constraintTop_toBottomOf="@+id/user_name"
                tools:text="ちなみに今日の時点でのAndroid Studioから見えるバージョン別シェア。
                よくよく考えたらAndroid Pieの記載がないので、Android Studioが表示しているデータはかなり
                古い。" />

+           <androidx.appcompat.widget.AppCompatImageView
+               android:id="@+id/image"
+               android:layout_width="match_parent"
+               android:layout_height="wrap_content"
+               app:layout_constraintEnd_toEndOf="parent"
+               app:layout_constraintStart_toStartOf="parent"
+               app:layout_constraintTop_toBottomOf="@+id/content"       ①
+               app:media="@{toot.topMedia}"       ②
+               tools:src="@mipmap/ic_launcher" />
            </androidx.constraintlayout.widget.ConstraintLayout>
```

① content の下に表示
② toot に添付されている最初の画像（topMedia）を表示

○図13.1：

実行　アプリを実行すると図13.2のようになります。画像が添付されている Toot については画像が表示されます。複数枚の画像が添付されている場合、一枚目の画像だけ表示します。

○図13.2：

リスト13.3では画像表示のViewに「AppCompatImageView」を追加していますが、「ImageView」というものもあります。ImageViewは、Androidのフレームワーク自体に組み込まれた部品です。Androidのバージョンによっては不具合があります。AppCompatImageViewは、ImageViewの不具合の修正を含んでいるため、通常はこちらを使うのがよいでしょう。

なお、AppCompatImageViewはImageViewを継承しているので、ImageViewに追加した拡張関数はAppCompatImageViewからも利用できます。

Step 14 表示内容をフィルタリングする

Mastodon APIから取得するデータをフィルタリングして表示します。

APIでフィルタリング

メディアが添付されているTootのみ表示します。MastodonのタイムラインAPIにはオプションとしてonly_mediaが定義されているので、これを使います。

only_mediaオプションは、ブラウザからクエリ（Query）を付加したURLにアクセスすることで確認できます。

URL https://androidbook2020.keiji.io/api/v1/timelines/public?only_media=true

クエリ「only_media」をRetrofitで定義します（**リスト14.1**）。

○リスト14.1：.MastodonApi

```
    import retrofit2.http.GET
+   import retrofit2.http.Query

    interface MastodonApi {

        @GET("api/v1/timelines/public")
        suspend fun fetchPublicTimeline(
+           @Query("only_media") onlyMedia: Boolean = false    ①
        ): List<Toot>
    }
```

① クエリonly_mediaとして送るパラメーターを定義。デフォルト値はfalse

TootListFragmnetのAPIへアクセスしている部分を**リスト14.2**のように変更します。

○リスト14.2：.TootListFragment

```
coroutineScope.launch {
-       val tootListResponse = api.fetchPublicTimeline()
+       val tootListResponse = api.fetchPublicTimeline(onlyMedia = true)
        tootList.addAll(tootListResponse)
        reloadTootList()
}
```

　変更したものを実行した結果が**図14.1**です。クエリを付加しただけで、表示部分には手を加えていません。実際のフィルタリング処理はMastodonサーバー側で行われています。

○図14.1：

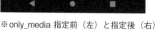

※only_media 指定前（左）と指定後（右）

コードでフィルタリング

　Mastodonは複数のユーザーが参加するSNSなので、投稿されるTootにSensitiveな内容が含まれている場合があります。この場合のSensitiveは性的、暴力的その他、見る人によっては不快感を抱く内容を意味します。

　MastodonのタイムラインAPIには、onlyNotSensitive（またはonlySensitive）のようなクエリはありません。代わりに各Tootにsensitiveであることを示す「フラグ」が付加されているので、それを元にフィルンタリングします（**リスト14.3**)

○リスト14.3：.TootListFragment

```
coroutineScope.launch {
    val tootListResponse = api.fetchPublicTimeline(onlyMedia = true)
    tootList.addAll(tootListResponse)
    tootList.addAll(tootListResponse.filter { !it.sensitive })    ①
    reloadTootList()
}
```

① sensitiveがtrueでない（false）のTootだけをフィルター

○図14.2：

※Sensitiveでフィルター前（左）とフィルター後（右）

Step 15 スクロールによる追加読み込みをする

　Mastodon APIで公開タイムラインを取得するとき、一定件数のTootを同時に取得します。

　一回表示して終わりではなく、ユーザーがスクロールに応じて追加でTootを読み込んでいくユーザーインターフェースを実現します。

　スクロールによる追加読み込み表示は、次の手順で行います。

・API定義の調整（追加読み込み）
・RecyclerViewのスクロールイベントを受け取る

API定義の調整（追加読み込み）

タイムライン APIのドキュメントによれば、max_idというパラメーターを指定することで、max_id未満のidのTootを取得できます。MastodonApiを開いて**リスト15.1**のように追記します。なお、Retrofitの仕様ではnullが指定されたクエリパラメーターは省略され、サーバーに送られません。

○リスト15.1：.MastodonApi

```
interface MastodonApi {

    @GET("api/v1/timelines/public")
    suspend fun fetchPublicTimeline(
        @Query("max_id") maxId: String? = null,        ①
        @Query("only_media") onlyMedia: Boolean = false
    ): List<Toot>
}
```

① クエリmax_idとして送るパラメーターを定義。デフォルト値はnull。

RecyclerViewのスクロールイベントを受け取る

RecyclerViewのスクロールイベントを受け取って、一番下までスクロールしたら追加で読み込みます。

○リスト15.2：.TootListFragment

```
import androidx.recyclerview.widget.LinearLayoutManager
import androidx.recyclerview.widget.RecyclerView
import com.squareup.moshi.Moshi
// 省略
import retrofit2.converter.moshi.MoshiConverterFactory
import java.util.concurrent.atomic.AtomicBoolean

class TootListFragment : Fragment(R.layout.fragment_toot_list) {

    private lateinit var layoutManager: LinearLayoutManager

    private var isLoading = AtomicBoolean()                       ①
    private var hasNext = AtomicBoolean().apply { set(true) }     ②

    private val loadNextScrollListener = object : RecyclerView.
    OnScrollListener() {

        override fun onScrolled(recyclerView: RecyclerView, dx: Int, dy: Int) {
            super.onScrolled(recyclerView, dx, dy)
```

```
+             if (isLoading.get() || !hasNext.get()) {        ④
+                 return
+             }
+
+             val visibleItemCount = recyclerView.childCount
+             val totalItemCount = layoutManager.itemCount
+             val firstVisibleItemPosition = layoutManager.
                 findFirstVisibleItemPosition()
+                                                            ⑤
+             if ((totalItemCount - visibleItemCount) <=
                 firstVisibleItemPosition) {
+                 loadNext()
+             }
+         }
+     }

      private val tootList = ArrayList<Toot>()

      override fun onViewCreated(view: View, savedInstanceState: Bundle?) {
          super.onViewCreated(view, savedInstanceState)

          adapter = TootListAdapter(layoutInflater, tootList)
          layoutManager = LinearLayoutManager(
              requireContext(),
              LinearLayoutManager.VERTICAL,
              false)
          val bindingData: FragmentTootListBinding? = DataBindingUtil.bind(view)
          binding = bindingData ?: return

          bindingData.recyclerView.also {
              it.layoutManager = layoutManager
              it.adapter = adapter
+             it.addOnScrollListener(loadNextScrollListener)        ⑥
          }

-         coroutineScope.launch {
-             val tootListResponse = api.fetchPublicTimeline(onlyMedia = true)
-             tootList.addAll(tootListResponse.filter { !it.sensitive })
-             reloadTootList()
-         }
+         loadNext()
      }

      // 省略

+     private fun loadNext() {
+         coroutineScope.launch {
+             isLoading.set(true)        ⑦
+
+             val tootListResponse = api.fetchPublicTimeline(
+                 maxId = tootList.lastOrNull()?.id,
+                 onlyMedia = true
+             )
```

```
+                    tootList.addAll(tootListResponse.filter { !it.sensitive })
+                    reloadTootList()
+
+            isLoading.set(false)        ⑧
+            hasNext.set(tootListResponse.isNotEmpty())        ⑨
+        }
+    }


        private suspend fun reloadTootList() = withContext(Dispatchers.Main) {
            adapter.notifyDataSetChanged()
        }

    }
```

① 読み込み中の状態を保持するメンバ変数（AtomicBoolean なのは複数のスレッドから非同期で参照する必要があるため）
② 次の読み込みが必要か・必要でないかを保持するメンバ変数
③ RecyclerView のスクロールイベント受け取るリスナー
④ すでに読み込み処理が実行されているか、次の読み込みの必要がなければ処理を抜ける（return する）
⑤ 一番下の要素が見えていれば、追加で読み込みを実行
⑥ RecyclerView にリスナーを設定
⑦ 状態を読み込み中に設定
⑧ 読み込み中の状態を解除
⑨ サーバーから取得した Toot リストに要素が空（要素数 0 のリスト）でなければ次の読み込みが必要

アプリを実行すると、見た目は変わりませんが、下方にスクロールすると追加で読み込み処理が始まります。

　　スクロールイベントの処理は、少々複雑です。
　visibleItemCount は、画面にいくつ要素が見えているかで、画面の大きさや要素 1 つひとつの高さなどで変化します。totalItemCount は、全部でいくつ要素があるのか。これは tootList のサイズになります。firstVisibleItemPosition は、現在リストに表示されている最初の要素の、全要素中の位置です。
　totalItemCount から visibleItemCount を引くと、いっぱいまでスクロールした時点で最初に見える（はずの）要素の位置が求められます。計算で求めた位置と、実際に見えている最初の要素の位置を比較して、いっぱいまでスクロールしたかを判定しています。

Step 16 リストを下に引いて更新する（Pull-to-Refresh）

リストを下に引っ張って更新する（Pull-to-Refresh）と呼ばれるユーザーインターフェースを導入します。

Pull-to-Refreshの導入は、次の手順で行います。

- ・ライブラリの追加（swiperefreshlayout）
- ・レイアウトの変更
- ・コードの変更

ライブラリの追加（swiperefreshlayout）

Pull-to-Refreshを実現するためのライブラリ「SwipeRefreshLayout」を使います。build.gradleを開いて、dependenciesにSwipeRefreshLayoutを追加します（リスト16.1）。

○リスト16.1：app/build.gradle

```
dependencies {
    // 省略
    annotationProcessor 'com.github.bumptech.glide:compiler:4.10.0'
+   implementation 'androidx.swiperefreshlayout:swiperefreshlayout:1.0.0'   ①
}
```

① swiperefreshlayout を追加。バージョンは本書執筆時点で最新の1.0.0を指定する。

レイアウトの変更

fragment_toot_list.xmlをリスト16.2のように書き換えます。

○リスト16.2：res/layout/fragment_toot_list.xml

```
<?xml version="1.0" encoding="utf-8"?>
<layout xmlns:android="http://schemas.android.com/apk/res/android">

    <androidx.constraintlayout.widget.ConstraintLayout
        android:layout_width="match_parent"
        android:layout_height="match_parent">

        <androidx.swiperefreshlayout.widget.SwipeRefreshLayout
            android:id="@+id/swipe_refresh_layout"
            android:layout_width="match_parent"
            android:layout_height="match_parent">
```

```
        <androidx.recyclerview.widget.RecyclerView                    ①
            android:id="@+id/recycler_view"
            android:layout_width="match_parent"
            android:layout_height="match_parent"
            android:scrollbars="vertical"
            tools:listitem="@layout/list_item_toot" />

    </androidx.swiperefreshlayout.widget.SwipeRefreshLayout>

    </androidx.constraintlayout.widget.ConstraintLayout>
</layout>
```

① RecyclerView を、SwipeRefreshLayout の子要素にする（タグの中に入れる）

コードの変更

　ユーザーがPull-to-Refresh操作を実行したときに処理をするためTootListFragmentをリスト16.3のように変更します。

○リスト16.3：.TootListFragment

```
    override fun onViewCreated(view: View, savedInstanceState: Bundle?) {

        // 省略

        bindingData.recyclerView.also {
            it.layoutManager = layoutManager
            it.adapter = adapter
            it.addOnScrollListener(loadNextScrollListener)
        }
+       bindingData.swipeRefreshLayout.setOnRefreshListener {              ①
+           tootList.clear()              ②
+           loadNext()              ③
+       }

        loadNext()
    }

    override fun onDestroyView() {
        // 省略
    }

+   private suspend fun showProgress() = withContext(Dispatchers.Main) {
+       binding?.swipeRefreshLayout?.isRefreshing = true
+   }
                                                                          ④
+   private suspend fun dismissProgress() = withContext(Dispatchers.Main) {
+       binding?.swipeRefreshLayout?.isRefreshing = false
+   }
```

```
    private fun loadNext() {
        coroutineScope.launch {
            isLoading.set(true)
+           showProgress()

            val tootListResponse = api.fetchPublicTimeline(
                maxId = tootList.lastOrNull()?.id,
                onlyMedia = true
            )
            tootList.addAll(tootListResponse.filter { !it.sensitive })
            reloadTootList()

            hasNext.set(tootListResponse.isNotEmpty())
            isLoading.set(false)
+           dismissProgress()
        }
    }
```

① Pull-to-Refresh 操作時のイベントリスナーを設定

② 読み込み済みの Toot を消去

③ 読み込みを実行

④ 読み込み中表示の ON/OFF を設定するメソッド。どちらもメインスレッド（Dispatchers. Main）で実行する

実行 アプリを実行すると、タイムラインが表示されます。リストを下方向に引いて離すと、画面上部にクルクル回るプログレスを表示して、再読み込み処理を実行します（図 16.1）。

○図 16.1：

Step 17　実行中のコルーチンをキャンセルする

　追加読み込みと再読み込みに対応したことで、非同期で通信を実行するケースが増えてきました。ここで問題になるのが、通信などの非同期処理中にバックキーやジェスチャをしてアプリを終了する操作をした場合も非同期処理は継続されることですたとえば、TootListFragment を**リスト17.1**のように変更します。

○リスト 17.1 :.TootListFragment

```
  import android.os.Bundle
+ import android.util.Log
  import android.view.View
  // 省略
  import java.util.concurrent.atomic.AtomicBoolean

  class TootListFragment : Fragment(R.layout.fragment_toot_list) {

      // 省略

      private fun loadNext() {
          coroutineScope.launch {
              isLoading.set(true)
              showProgress()

              val tootListResponse = api.fetchPublicTimeline(
                  maxId = tootList.lastOrNull()?.id,
                  onlyMedia = true
              )
+             Log.d(TAG, "fetchPublicTimeline")

+             Thread.sleep(10 * 1000)      ①

              tootList.addAll(tootListResponse.filter { !it.sensitive })
+             Log.d(TAG, "addAll")

              reloadTootList()
+             Log.d(TAG, "reloadTootList")

              isLoading.set(false)
              hasNext.set(tootListResponse.isNotEmpty())
              dismissProgress()
+             Log.d(TAG, "dismissProgress")
          }
      }
```

① 10秒間停止

　アプリを実行して、読み込みが始まった瞬間にアプリを終了します。その後、Logcat の表示を確認すると、dismissProgress まで処理が実行されていることがわかります（**リスト17.2**）。

○リスト17.2：Logcatの表示（抜粋）

```
io.keiji.sample.mastodonclient D/TootListFragment: fetchPublicTimeline
io.keiji.sample.mastodonclient D/TootListFragment: addAll
io.keiji.sample.mastodonclient D/TootListFragment: reloadTootList
io.keiji.sample.mastodonclient D/TootListFragment: dismissProgress
```

　このことはさまざまな問題を引き起こす可能性があります。「アプリを終了する操作をした」「他のアプリが起動した」などさまざまなタイミングで非同期処理を中断する必要があります。

コードの変更

　TootListFragmentをリスト17.3のように変更します。

○リスト17.3：.TootListFragment

```
     import kotlinx.coroutines.Dispatchers
+    import kotlinx.coroutines.cancel
     import kotlinx.coroutines.launch
     // 省略
     import java.util.concurrent.atomic.AtomicBoolean

     class TootListFragment : Fragment(R.layout.fragment_toot_list) {

         override fun onDestroyView() {
             // 省略
         }

+        override fun onDestroy() {           ①
+            super.onDestroy()
+
+            coroutineScope.cancel()          ②
+        }

         private suspend fun showProgress() = withContext(Dispatchers.Main) {
             binding?.swipeRefreshLayout?.isRefreshing = true
         }
```

① Fragmentを終了するなどして破棄（Destroy）されるタイミングで実行される
② coroutineScopeで実行されているすべてのコルーチンをキャンセル

　このコードで再び同じ実験をすると、Logcatは途中から出力されません。どのタイミングでアプリを終了するかによって結果は異なり、終了のタイミングが早すぎるとログに何も表示されないこともあります。

lifecycleScopeの利用

　fragment-ktxには、Fragmentの状態に応じて自動的にキャンセルされるCoroutineScope

としてlifecycleScopeが用意されています。lifecycleScopeを使うことで、コルーチンのキャンセル処理を意識する機会は減ります。

　lifecycleScopeを使うために、TootList Fragmentを**リスト17.4**のように変更します。

○リスト17.4：.TootListFragment

```
    import androidx.lifecycle.Observer
+   import androidx.lifecycle.lifecycleScope
    import androidx.recyclerview.widget.LinearLayoutManager
    // 省略
    import io.keiji.sample.mastodonclient.databinding.FragmentTootListBinding
-   import kotlinx.coroutines.CoroutineScope
    import kotlinx.coroutines.Dispatchers
-   import kotlinx.coroutines.cancel
    import kotlinx.coroutines.launch
    // 省略

    class TootListFragment : Fragment(R.layout.fragment_toot_list) {

        private val api = retrofit.create(MastodonApi::class.java)

-       private val coroutineScope = CoroutineScope(Dispatchers.IO)

        private lateinit var adapter: TootListAdapter
        private lateinit var layoutManager: LinearLayoutManager

        // 省略

        override fun onDestroyView() {
            // 省略
        }

-       override fun onDestroy() {
-           super.onDestroy()
-
-           coroutineScope.cancel()
-       }

        // 省略

        private fun loadNext() {
-           coroutineScope.launch {
+           lifecycleScope.launch {              ①
                isLoading.set(true)

-               val tootListResponse = api.fetchPublicTimeline(
-                       maxId = tootList.lastOrNull()?.id,
-                       onlyMedia = true
-               )
+               val tootListResponse = withContext(Dispatchers.IO) {   ②
```

```
+                         api.fetchPublicTimeline(
+                             maxId = tootList.lastOrNull()?.id,
+                             onlyMedia = true
+                         )
+                     }
                     Log.d(TAG, "fetchPublicTimeline")

-                     Thread.sleep(10 * 1000)
                     // 省略

            }
        }
```

① コルーチンを lifecycleScope で実行
② ネットワーク接続処理は I/O用のスレッドを指定（指定しない場合、lifecycleScope はメインスレッドで実行する）

Tips Activity/Fragmentのライフサイクル

　リスト17.4ではFragmentを継承したクラスでonViewCreatedやonDestroyなどのメソッドをオーバーライドしています。これらのメソッドはFragmentの状態に応じてAndroidのシステムから呼び出されます。このFragmentの状態を「Fragmentのライフサイクル」と呼びます。

　Fragmentのライフサイクルを解説する前に、Fragmentを格納しているActivityに注目します。

　ActivityはAndroidのシステムコンポーネントの1つです。1つのActivityは1つの画面に対応しています。Activityは、基本的には1画面に1つしか表示できません[注3]。これで困るのは、アプリを起動しているときに別のアプリで割り込みが入った場合です。

　例えば、ゲームで遊んでいるときに電話がかかってきた場合、電話呼び出しの画面が表示されて、ゲーム画面は見えなくなります。通話が終わると、再び元のゲーム画面が表示されます。電話がかかってきたときにゲームを一時停止できなければ、通話中もゲームは進行し、電話を切ったときにはゲームオーバーになっている。と言う事も起こります。

▶Activityのライフサイクル

　Activityのライフサイクルとは、Activityが起動してから終了するまでの間、決められたタイミングで状態が変化することを言います。図17.1は、Activityのライフサイクルの概略図です。

注3　Android 7.0から画面を2分割、もしくはウィンドウのように表示できる「マルチウィンドウ」に対応しています。これはActivityではなく、1画面に複数のアプリを表示する性質のものです。

○図17.1：

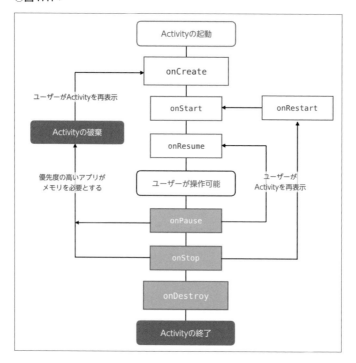

　Androidのシステムは、要求されたActivityを生成した直後にonCreateメソッドを実行します。通常は、このonCreateのタイミングで、レイアウトの表示などを行います。

　次にonStartとonResumeを実行後、ユーザーが操作できる状態になります。

　Androidのシステムは、実行中のアプリが他のActivityを呼び出したり電話がかかってくるなどして他の画面が起動するタイミングで、表示しているActivityのonPauseメソッドを実行します。

　新しいActivityが画面を表示して前のActivityが見えなくなったタイミングで、onStopメソッドを実行します。onPauseが画面からフォーカスが外れたタイミングで、（まだ画面が見えていても）実行されるのに対して、onStopは画面が完全に隠れるまで実行されません。

　最後にActivityが完全に終了するタイミングで、onDestroyメソッドを実行します。

　onPauseメソッドが実行された状態になっても、Activityが再び復帰すれば、再びActivityが表示されます。その場合、復帰時にonResumeメソッドを実行します。

　onStopメソッドが実行された状態からActivityが復帰すると、まずonRestartメソッド、続いてonStart, onResumeメソッドが実行されます。

　1つ注意が必要な点があります。

　アプリを実行中、システムのメモリが足りなくなった場合、Androidのシステムは、表示していないActivityを強制的に終了させて、空きメモリを増やします。

　例えば、Activityが表示されなくなってonPauseメソッドが実行された以降の状態。**図17.1**で言えば、色が変わった以降の状態でシステムの空きメモリが足りなくなった場合、

onStopやonDestroyが呼ばれずにアプリが終了してしまうこともありえます。

▶Fragmentのライフサイクル

図17.2は、Fragmentのライフサイクルの概略図です。

○図17.2：

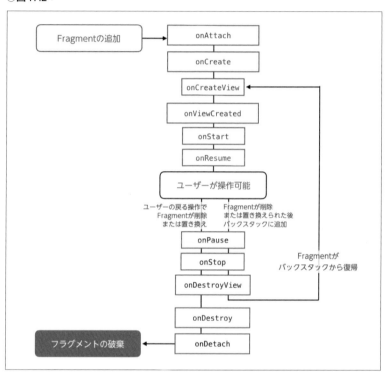

onCreateやonDestoryはActivityと同じです。ただしFragmentの場合は、Activityに追加されたタイミングのonAttachや、表示するレイアウトを操作するonViewCreatedなど違いもあります。

ユーザーが終了操作したFragmentの動作には、2つの系統があります。

1つ目は、戻るボタンを押すなどしてFragmentをActivityから削除した場合です。この場合、FragmentはActivityから取り外されて（Detach）破棄されます。

もう1つは、他のFragmentが追加されるなどの理由で、Fragmentが一時的に置き換えまたは画面から削除される場合です。この場合、FragmentはActivityにAttachしたまま、再び表示されるのを待ちます。

アーキテクチャーと
デザインを調整する

本章では、Androidアプリへのアーキテクチャの導入について解説しています。LiveData、Repositoryパターン、ViewModel、また、画面デザインの調整などを説明しています。

Step 18 LiveDataの導入

　読み込み中の状態を示すisLoadingにAtomicBooleanを使っていました。これは通常の Booleanを使った場合、複数のスレッドから非同期で変更・参照されると、本来trueに変更 しているのにfalseの値が得られたり、その逆があり得るためです。

　LiveDataを使うと値の変更を監視して、変更をイベントとして受け取ることができます。 また、イベントを受け取るスレッドをメインスレッドに限定することもできます。

　TootListFragmentを**リスト18.1**のように変更します。

○リスト18.1：.TootListFragment

```
   import androidx.fragment.app.Fragment
+  import androidx.lifecycle.MutableLiveData
+  import androidx.lifecycle.Observer
   import androidx.recyclerview.widget.LinearLayoutManager
   // 省略

   class TootListFragment : Fragment(R.layout.fragment_toot_list) {
-      private val isLoading = AtomicBoolean<Boolean>()
+      private val isLoading = MutableLiveData<Boolean>()         ①
       private var hasNext = AtomicBoolean().apply { set(true) }

       private val loadNextScrollListener = object : RecyclerView.OnScrollListener()
       {
           override fun onScrolled(recyclerView: RecyclerView, dx: Int, dy: Int) {
               super.onScrolled(recyclerView, dx, dy)
+              val isLoadingSnapshot = isLoading.value ?: return     ②
-              if (isLoading.get() || !hasNext.get()) {
+              if (isLoadingSnapshot || !hasNext.get()) {
                   return
               }
               // 省略
           }
       }

       private val tootList = ArrayList<Toot>()

       override fun onViewCreated(view: View, savedInstanceState: Bundle?) {
           // 省略

           bindingData.swipeRefreshLayout.setOnRefreshListener {
               tootList.clear()
               loadNext()
           }

+          isLoading.observe(viewLifecycleOwner, Observer {          ③
+              binding?.swipeRefreshLayout?.isRefreshing = it
+          })

           loadNext()
       }
```

```
        override fun onDestroy() {
            // 省略
        }

        private suspend fun showProgress() = withContext(Dispatchers.Main) {
            binding?.swipeRefreshLayout?.isRefreshing = true
        }

        private suspend fun dismissProgress() = withContext(Dispatchers.Main) {
            binding?.swipeRefreshLayout?.isRefreshing = false
        }

        private fun loadNext() {
            lifecycleScope.launch {
                isLoading.set(true)
                showProgress()
                isLoading.postValue(true)      ⑤

                val tootListResponse = withContext(Dispatchers.IO) {
                    api.fetchPublicTimeline(
                            maxId = tootList.lastOrNull()?.id,
                            onlyMedia = true
                    )
                }
                Log.d(TAG, "fetchPublicTimeline")

                tootList.addAll(tootListResponse.filter { !it.sensitive })
                Log.d(TAG, "addAll")

                reloadTootList()
                Log.d(TAG, "reloadTootList")

                isLoading.set(false)
                dismissProgress()
                hasNext.set(tootListResponse.isNotEmpty())
                isLoading.postValue(false)
                Log.d(TAG, "dismissProgress")
            }
        }
    }
```

④

① 値の変更が可能（Mutable）な LiveData を宣言

② ?:（エルビス演算子）で null の場合は処理を終了（LiveData の値は null が返ってくる可能性がある）

③ LiveData の値を監視（Observe）する。変更は Observer で受け取る

④ swipeRefreshLayout.isRefreshing は LiveData の変更を受けて処理するため、これらのメソッドは不要になる

⑤ LiveData の値を変更する。LiveData を postValue で変更した場合、Observer はメインスレッドで実行される

　同様に、取得済みのToot（tootList）についてもLiveData化します。TootListFragment
をリスト18.2のように変更します。

○リスト18.2：.TootListFragment

```
-     private val tootList = ArrayList<Toot>()
+     private val tootList = MutableLiveData<ArrayList<Toot>>()          ①

      override fun onViewCreated(view: View, savedInstanceState: Bundle?) {
          super.onViewCreated(view, savedInstanceState)
+         val tootListSnapshot = tootList.value ?: ArrayList<Toot>().also {
+             tootList.value = it                                          ②
+         }
-         adapter = TootListAdapter(layoutInflater, tootList)
+         adapter = TootListAdapter(layoutInflater, tootListSnapshot)
          layoutManager = LinearLayoutManager(
              requireContext(),
              LinearLayoutManager.VERTICAL,
              false)
          val bindingData: FragmentTootListBinding? = DataBindingUtil.bind(view)
          binding = bindingData ?: return

          bindingData.recyclerView.also {
              it.layoutManager = layoutManager
              it.adapter = adapter
              it.addOnScrollListener(loadNextScrollListener)
          }
          bindingData.swipeRefreshLayout.setOnRefreshListener {
-             tootList.clear()
+             tootListSnapshot.clear()
              loadNext()
          }

          isLoading.observe(viewLifecycleOwner, Observer {
              binding?.swipeRefreshLayout?.isRefreshing = it
          })
+         tootList.observe(viewLifecycleOwner, Observer {
+             adapter.notifyDataSetChanged()                              ③
+         })

          loadNext()
      }

      private fun loadNext() {
          lifecycleScope.launch {
              isLoading.postValue(true)
+             val tootListSnapshot = tootList.value ?: ArrayList()

              val tootListResponse = withContext(Dispatchers.IO) {
                  api.fetchPublicTimeline(
-                     maxId = tootList.lastOrNull()?.id,
+                     maxId = tootListSnapshot.lastOrNull()?.id,
                      onlyMedia = true
                  )
              }
```

```
                  Log.d(TAG, "fetchPublicTimeline")

-             tootList.addAll(tootListResponse.filter { !it.sensitive })
+             tootListSnapshot.addAll(tootListResponse.filter { !it.sensitive })
                  Log.d(TAG, "addAll")

-             reloadTootList()
-             Log.d(TAG, "reloadTootList")
+             tootList.postValue(tootListSnapshot)

                  isLoading.postValue(false)
                  hasNext.set(tootListResponse.isNotEmpty())
                  Log.d(TAG, "dismissProgress")
              }
          }

-     private suspend fun reloadTootList() = withContext(Dispatchers.Main) {
-             adapter.notifyDataSetChanged()                                    } ④
-     }
```

① 値の変更が可能（Mutable）な LiveData を宣言

② LiveDataに値がない（nullの場合）は、空のリストをインスタンス化してLiveDataに設定

③ LiveDataの値を監視（Observe）する。変更は Observer で受け取

④ adapter.notifyDataSetChanged()は LiveData の変更を受けて処理するため、このメソッドは不要になる

Step 19 Repository パターンの導入

データを取得する処理をRepositoryクラスに分離します。Repositoryパターンは ViewModelの導入には直接関係はないですが、今後の作業のしやすさを優先して採用します。

 ＜Repositoryパターン＞

　データへのアクセス境界を分離することを「Repositoryパターン」と呼びます。さらに一歩進めると、Repositoryそのものはinterfaceの宣言に留めることも考えられます。ネットワークにアクセスするRepositoryNetworkImplや、ストレージから読み込むRepositoryLocalImplなど、実装を入れ替えられるようにすることもありますが、そこまでするとコード量が多くなりすぎるため本書では採用していません。

Repositoryクラスを作らない場合、ViewModel内にネットワークアクセスに関係するコードを書くことになります。すると今度はViewModelの見通しが悪くなる可能性があることに加えて、ViewModelが複数あった場合、コードが重複することになりメンテナンスコストが上がってしまいます。

TootRepositoryを**リスト19.1**のように作成します。

○リスト19.1：TootRepository

```
package io.keiji.sample.mastodonclient

import com.squareup.moshi.Moshi
import com.squareup.moshi.kotlin.reflect.KotlinJsonAdapterFactory
import kotlinx.coroutines.Dispatchers
import kotlinx.coroutines.withContext
import retrofit2.Retrofit
import retrofit2.converter.moshi.MoshiConverterFactory

class TootRepository(
        instanceUrl: String
) {
    private val moshi = Moshi.Builder()
            .add(KotlinJsonAdapterFactory())
            .build()
    private val retrofit = Retrofit.Builder()
            .baseUrl(instanceUrl)
            .addConverterFactory(MoshiConverterFactory.create(moshi))
            .build()

    private val api = retrofit.create(MastodonApi::class.java)

    suspend fun fetchPublicTimeline(
            maxId: String?,
            onlyMedia: Boolean
    ) = withContext(Dispatchers.IO) {          ①
        api.fetchPublicTimeline(
                maxId = maxId,
                onlyMedia = onlyMedia
        )
    }
}
```

① 実行スレッドをIOに指定。呼び出し側は実行スレッドを意識する必要がない

　データ取得処理をRepositoryに切り替えます。TootListFragmentを開いて**リスト19.2**の
ように変更します。

○リスト 19.2：.TootListFragment

```
   import androidx.recyclerview.widget.RecyclerView
-  import com.squareup.moshi.Moshi
-  import com.squareup.moshi.kotlin.reflect.KotlinJsonAdapterFactory
   import io.keiji.sample.mastodonclient.databinding.FragmentTootListBinding
   // 省略
   import kotlinx.coroutines.withContext
-  import retrofit2.Retrofit
-  import retrofit2.converter.moshi.MoshiConverterFactory

   class TootListFragment : Fragment(R.layout.fragment_toot_list) {

-      private val moshi = Moshi.Builder()
-          .add(KotlinJsonAdapterFactory())
-          .build()
-      private val retrofit = Retrofit.Builder()
-          .baseUrl(API_BASE_URL)
-          .addConverterFactory(MoshiConverterFactory.create(moshi))
-          .build()
-      private val api = retrofit.create(MastodonApi::class.java)

+      private val tootRepository = TootRepository(API_BASE_URL)

       private fun loadNext() {
           lifecycleScope.launch {
               isLoading.postValue(true)

               val tootListSnapshot = tootList.value ?: ArrayList()

-              val tootListResponse = withContext(Dispatchers.IO) {
-                  api.fetchPublicTimeline(
-                      maxId = tootListSnapshot.lastOrNull()?.id,
-                      onlyMedia = true
-                  )
-              }
+              val tootListResponse = tootRepository.fetchPublicTimeline(
+                      maxId = tootListSnapshot.lastOrNull()?.id,
+                      onlyMedia = true
+              )
               Log.d(TAG, "fetchPublicTimeline")

               // 省略
           }
       }
```

Step 20　MVVMアーキテクチャーの導入

　読み込み済みToot（tootList）や、読み込み中の状態（isLoading）など、表示の状態をActivityやFragmentが持っていると、記述量が増えてコードの見通しが悪くなってきます。

　「ViewModel」を導入して、ActivityやFragmentの表示に関わる処理（View）と状態（ViewModel）を分離して「MVVM（Model View ViewMode）アーキテクチャ」に移行します。

　ViewModelの導入は、次の手順で行います。

・ViewModelクラスの作成
・ViewModelFactoryクラスの作成
・コードからViewModelを利用

ViewModelクラスの作成

　まず、TootListViewModelを作成して、**リスト20.1**のようにします。

○リスト20.1：.TootListViewModel

```
package io.keiji.sample.mastodonclient

import android.app.Application
import androidx.lifecycle.AndroidViewModel
import androidx.lifecycle.MutableLiveData
import kotlinx.coroutines.CoroutineScope
import kotlinx.coroutines.launch

class TootListViewModel(
        instanceUrl: String,
        private val coroutineScope: CoroutineScope,
        application: Application
) : AndroidViewModel(application) {          ①

    private val tootRepository = TootRepository(instanceUrl)    ②

    val isLoading = MutableLiveData<Boolean>()
    var hasNext = true

    val tootList = MutableLiveData<ArrayList<Toot>>()

    fun clear() {
        val tootListSnapshot = tootList.value ?: return
        tootListSnapshot.clear()
    }

    fun loadNext() {
        coroutineScope.launch {
            isLoading.postValue(true)

            val tootListSnapshot = tootList.value ?: ArrayList()
```

```
            val maxId = tootListSnapshot.lastOrNull()?.id
            val tootListResponse = tootRepository.fetchPublicTimeline(
                    maxId = maxId,
                    onlyMedia = true
            )
            tootListSnapshot.addAll(tootListResponse)
            tootList.postValue(tootListSnapshot)

            hasNext = tootListResponse.isNotEmpty()
            isLoading.postValue(false)
        }
    }
}
```

① AndroidViewModel を継承

② TootRepository をインスタンス化

ViewModelFactory クラスの作成

次に、TootListViewModelFactory を作成して**リスト 20.2** のようにします。

○リスト 20.2：.TootListViewModelFactory

```
package io.keiji.sample.mastodonclient

import android.app.Application
import android.content.Context
import androidx.lifecycle.ViewModel
import androidx.lifecycle.ViewModelProvider
import kotlinx.coroutines.CoroutineScope

class TootListViewModelFactory(
        private val instanceUrl: String,
        private val coroutineScope: CoroutineScope,
        private val context: Context
) : ViewModelProvider.Factory {      ①

    override fun <T : ViewModel?> create(modelClass: Class<T>): T {
        return TootListViewModel(
                instanceUrl,
                coroutineScope,
                context.applicationContext as Application
        ) as T                                               ②
    }
}
```

① ViewModelProvider.Factory を継承

② ViewModel をインスタンス化する。ViewModelProvider から呼ばれる

FragmentからViewModelを利用

最後に、FragmentにViewModelを導入します。TootListFragmentを**リスト20.3**のように
にします。ViewModelの導入に合わせて、ViewModelに移動したメンバ変数やプロパティ
への参照をViewModelのものに変更する作業になります。

○リスト 20.3：.TootListFragment

```
      // 省略
      import androidx.lifecycle.lifecycleScope
-     import androidx.lifecycle.MutableLiveData
+     import androidx.fragment.app.viewModels
      import androidx.lifecycle.Observer
      // 省略
      import io.keiji.sample.mastodonclient.databinding.FragmentTootListBinding
-     import kotlinx.coroutines.launch
-     import java.util.concurrent.atomic.AtomicBoolean

      class TootListFragment : Fragment(R.layout.fragment_toot_list) {

          private var binding: FragmentTootListBinding? = null

-         private val tootRepository = TootRepository(API_BASE_URL)        ①
          private lateinit var adapter: TootListAdapter
          private lateinit var layoutManager: LinearLayoutManager

-         private val isLoading = MutableLiveData<Boolean>()
-         private var hasNext = AtomicBoolean().apply { set(true) }

+         private val viewModel: TootListViewModel by viewModels {
+             TootListViewModelFactory(
+                 API_BASE_URL,
+                 lifecycleScope,                              ②
+                 requireContext()
+             )
+         }

          private val loadNextScrollListener = object : RecyclerView.OnScrollListener()
          {

              override fun onScrolled(recyclerView: RecyclerView, dx: Int, dy: Int) {
                  super.onScrolled(recyclerView, dx, dy)

-                 val isLoadingSnapshot = isLoading.value ?: return
+                 val isLoadingSnapshot = viewModel.isLoading.value ?: return
-                 if (isLoadingSnapshot || !hasNext.get()) {
+                 if (isLoadingSnapshot || !viewModel.hasNext) {
                      return
                  }
                  // 省略

                  if ((totalItemCount - visibleItemCount) <= firstVisibleItemPosition){
-                     loadNext()
+                     viewModel.loadNext()
                  }
```

```
                }
            }
—           private val tootList = MutableLiveData<ArrayList<Toot>>()

            override fun onViewCreated(view: View, savedInstanceState: Bundle?) {
                super.onViewCreated(view, savedInstanceState)
—               val tootListSnapshot = tootList.value ?: ArrayList<Toot>().also {
—                   tootList.value = it
—               }
+               val tootListSnapshot = viewModel.tootList.value ?: ArrayList<Toot>().also {
+                   viewModel.tootList.value = it
+               }

                adapter = TootListAdapter(layoutInflater, tootListSnapshot)
                layoutManager = LinearLayoutManager(
                    requireContext(),
                    LinearLayoutManager.VERTICAL,
                    false)
                val bindingData: FragmentTootListBinding? = DataBindingUtil.bind(view)
                binding = bindingData ?: return

                bindingData.recyclerView.also {
                    it.layoutManager = layoutManager
                    it.adapter = adapter
                    it.addOnScrollListener(loadNextScrollListener)
                }
                bindingData.swipeRefreshLayout.setOnRefreshListener {
—                   tootListSnapshot.clear()
+                   viewModel.clear()
—                   loadNext()
+                   viewModel.loadNext()
                }

—               isLoading.observe(viewLifecycleOwner, Observer {
+               viewModel.isLoading.observe(viewLifecycleOwner, Observer {
                    binding?.swipeRefreshLayout?.isRefreshing = it
                })
—               tootList.observe(viewLifecycleOwner, Observer {
+               viewModel.tootList.observe(viewLifecycleOwner, Observer {
                    adapter.notifyDataSetChanged()
                })

—               loadNext()
+               viewModel.loadNext()
            }
—       private fun loadNext() {
—           // 省略                        } ③
—       }
```

① ViewModel に移動した TootRepository を削除

② ViewModel を生成

③ loadNext() メソッドをすべて削除

Tips 委譲プロパティ「viewModels」

viewModelsは、ViewModelを生成する委譲プロパティ（Delegated Properties）で、Fragment-KTXライブラリに含まれています。

通常、ViewModelの生成は、ViewModelProviderを使います（リスト20.4）。

○リスト20.4：ViewModelProviderを明示したViewModelの生成

```
viewModel = ViewModelProvider(this, TootListViewModelFactory(
    API_BASE_URL,
    lifecycleScope,
    requireContext()
)).get(TootListViewModel::class.java)
```

これを、たとえばFragmentであればonViewCreatedなどのライフサイクル中で行うことになります。しかしその場合、メンバ変数viewModelをFragmentのインスタンスができた時点ではnullで初期化しておくか、遅延初期化（lateinit var）指定をする必要があります。

nullを許容した場合、各所でnullチェックを入れる必要があり煩雑になります。また、lateinit varは書き換え可能なのでコーディングミスの可能性が除外できません。

viewModelsを使うことで、nullを許容せず、さらに書き換え不可（val）としてviewModelを宣言できます。

 ## Step 21 LifecycleObserver を使う

ViewModelの導入によって表示（View）から表示状態（ViewModel）を分離しました。表示側が保持しているオブジェクト（今回の場合はviewModel）に、表示のライフサイクルに合わせて処理をさせたいことがあります。

まず思いつくのがViewModelにonCreateやonResumeなどのメソッドを用意して、表示側から適宜呼び出すことです。しかし、この方法では「ライフサイクルに応じてメソッドを呼び出さなければならないこと」を表示側で把握しておく必要があります。また、呼び出しが強制されないので、たとえばviewModelにonStopなどが追加されたときに、Fragment側（複数ある可能性がある）から呼び出すのを忘れる可能性もあります。

Android Jetpackを構成するライブラリの1つである「Lifecycle」を使うと、アノテーションを付けることで、ライフサイクルに合わせた処理をクラス側で指定できます。

まず、TootListViewModelをリスト21.1のように変更します。

○リスト 21.1：.TootListViewModel

```
      import androidx.lifecycle.AndroidViewModel
+     import androidx.lifecycle.Lifecycle
+     import androidx.lifecycle.LifecycleObserver
      import androidx.lifecycle.MutableLiveData
+     import androidx.lifecycle.OnLifecycleEvent
      import kotlinx.coroutines.CoroutineScope
      import kotlinx.coroutines.launch

      class TootListViewModel(
              instanceUrl: String,
              private val coroutineScope: CoroutineScope,
              application: Application
-     ) : AndroidViewModel(application) {
+     ) : AndroidViewModel(application), LifecycleObserver {    ①

          val tootList = MutableLiveData<ArrayList<Toot>>()

+         @OnLifecycleEvent(Lifecycle.Event.ON_CREATE)    ②
+         fun onCreate() {
+             loadNext()
+         }

          fun clear() {
              val tootListSnapshot = tootList.value ?: return
              tootListSnapshot.clear()
          }
```

① LifecycleObserver を実装

② onCreate で実行する指定

　次に、TootListFragment リスト 21.2 のように変更します。

○リスト 21.2：.TootListFragment

```
      override fun onViewCreated(view: View, savedInstanceState: Bundle?) {

          // 省略

          viewModel.tootList.observe(viewLifecycleOwner, Observer {
              adapter.notifyDataSetChanged()
          })

-         viewModel.loadNext()    ①
+         viewLifecycleOwner.lifecycle.addObserver(viewModel)    ②
      }
```

① loadNext は ViewModel 側で実行するので削除

② LifecycleObserver を登録

　ここまでの変更を終えてアプリを実行すると、起動したと同時に Toot 一覧が表示され、ViewModel の onCreate メソッドが呼び出されていることがわかります。

Step 22　デザインを調整する

コードをたくさん変更した割には目に見えて変化がないので、ここで少しデザインの調整をしましょう。

画像の横幅を固定

下にスクロールしてから上に戻るを繰り返すと、画像の大きさがバラバラに表示されることがあります（図22.1）。この問題を解決するために、画像の横幅を固定します。list_item_toot.xmlを開いて、リスト22.1のように変更します。

○図22.1：

※スクロールすると画像の大きさが変わることがある

○リスト22.1：res/layout/list_item_toot.xml

```
        <!-- 省略 -->
        <androidx.appcompat.widget.AppCompatImageView
            android:id="@+id/image"
-           android:layout_width="match_parent"
+           android:layout_width="200dp"        ①
            android:layout_height="wrap_content"
+           android:adjustViewBounds="true"     ②
            app:layout_constraintEnd_toEndOf="parent"
            app:layout_constraintStart_toStartOf="parent"
            app:layout_constraintTop_toBottomOf="@+id/content"
            app:media="@{toot.topMedia}" />
    </androidx.constraintlayout.widget.ConstraintLayout>
```

① 横幅を200dpに固定
② Viewの大きさ（境界）を表示する画像のアスペクト比に合わせる

○図22.2：

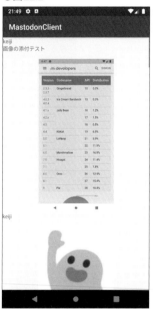

※画像の横幅が固定されている

Tips Viewのサイズとは

それぞれのViewには、高さ（height）と幅（width）の大きさを指定します。

大きさとしてdp[注1]、sp[注2]など数値指定も可能ですが、Androidデバイスのディスプレイは、携帯電話からタブレットまで、さまざまな大きさのものがあります。また、デバイスを縦方向に持ったときと、横方向に持ったときでも表示領域のサイズが変わります。

したがって、すべてのViewの大きさを数値で設定していると、ディスプレイが想定より小さいと表示領域が足りなかったり、逆に大きいと余ってしまったりと不都合が出ます（図22.3、図22.4）。

注1）　dp：Density-Independent Pixels

注2）　sp：Scale-Independent Pixels

○図22.3：

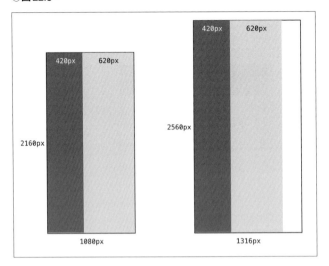

○図22.4：

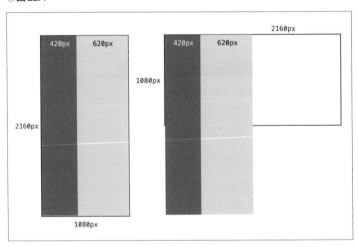

　さまざまな大きさに柔軟に調整するため、Androidではなるべく絶対値指定は避けて、サイズを固定しないことが奨励されます。Viewの大きさが固定しないことを示す値が、match_parentとwrap_contentです。

　match_parentは、そのViewを格納するLayoutの幅または高さを満たすようにViewの大きさが決まります（図22.5）。

　wrap_contentは、そのView自身が格納する文字列や画像、Viewなどのコンテンツに合わせてViewの大きさが決まります（図22.6）。

○図22.5：

※ match_parent

○図22.6：

※ wrap_content

💡 **DP（Density-independent Pixels）**

横幅にdpという単位を指定しています。Androidデバイスはさまざまな液晶を搭載していて、それぞれ1インチあたりのピクセルの密度が異なります。単位にdpを指定することで、Androidのシステムは、ピクセル密度の違いに合わせてサイズを調整します。

💡 **SP（Scale-independent Pixels）**

テキストのサイズにspという単位を指定しています。基本的にはDP（Density-independent Pixels）と同様にデバイスが備えるディスプレイのピクセル密度に応じて自動的にサイズを調整しますが、spはさらに、ユーザーが設定したフォントの大きさを考慮してサイズが求まる点でdpとは異なります。

文字の大きさと余白を調整

これまで、レイアウトにただViewを置いただけだったので、文字の大きさと余白を調整します。list_item_toot.xmlを開いて**リスト22.2**のように変更します。

○リスト22.2：res/layout/list_item_toot.xml

```xml
<?xml version="1.0" encoding="utf-8"?>
<layout xmlns:android="http://schemas.android.com/apk/res/android"
    xmlns:app="http://schemas.android.com/apk/res-auto"
    xmlns:tools="http://schemas.android.com/tools">

    <!-- 省略 -->

    <androidx.constraintlayout.widget.ConstraintLayout
        android:layout_width="match_parent"
        android:layout_height="wrap_content"
+       android:layout_marginTop="16dp"
+       android:layout_marginBottom="8dp"              ①
        tools:context=".TootListFragment">

        <TextView
            android:id="@+id/user_name"
            android:layout_width="match_parent"
            android:layout_height="wrap_content"
+           android:layout_marginStart="8dp"
            android:text="@{toot.account.username}"
+           android:textSize="14sp"                    ②
            app:layout_constraintEnd_toEndOf="parent"
            app:layout_constraintStart_toStartOf="parent"
            app:layout_constraintTop_toTopOf="parent"
            tools:text="keiji" />

        <TextView
            android:id="@+id/content"
            android:layout_width="match_parent"
            android:layout_height="wrap_content"
+           android:layout_marginTop="8dp"
+           android:paddingStart="16dp"
+           android:paddingEnd="16dp"                  ③
+           android:textSize="12sp"
            app:spannedContent="@{toot.content}"
            app:layout_constraintEnd_toEndOf="parent"
            app:layout_constraintStart_toStartOf="parent"
            app:layout_constraintTop_toBottomOf="@+id/user_name"
            tools:text="ちなみに今日の時点でのAndroid Studioから見えるバージョン別シェア。
            よくよく考えたらAndroid Pieの記載がないので、Android Studioが表示しているデータはかなり
            古い。" />

        <!-- 省略 -->

    </androidx.constraintlayout.widget.ConstraintLayout>

</layout>
```

① 上下マージン

② テキストの大きさ

③ 左右（右左）パディング

実行

○図22.7：

※文字の大きさが変わりパディングが設定されている

Tips マージンとパディングの違いとは

Viewの境界を起点に外側をマージン（Margin）、内側がパディング（Padding）です。

○図22.8：

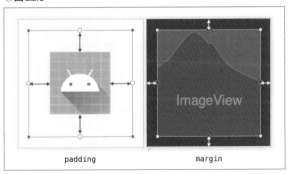

Tips StartとEndとは

レイアウトXMLにはことある事にStartとEndという指定が出てきます。これは日本語や英語などLTR（Left-To-Right）の言語圏ではStartがLeft、EndがRightに対応します。アラビア語などRTL（Right-To-Left）の言語圏ではStartがRight、EndgがLeftに対応します。

　以前はmarginLeftやmarginRightを指定していましたが、RTL言語圏への対応に合わせてStartとEndに改められた経緯があります。

投稿日時の表示

　Tootの投稿日時を表示します。これまではすべての表示を縦に並べるだけでしたが、投稿日時は少し複雑になり、ユーザー名の右側に配置します。

　list_item_toot.xmlを**リスト22.3**のように変更します。

○リスト22.3：res/layout/list_item_toot.xml

```
<?xml version="1.0" encoding="utf-8"?>
<layout xmlns:android="http://schemas.android.com/apk/res/android"
    xmlns:app="http://schemas.android.com/apk/res-auto"
    xmlns:tools="http://schemas.android.com/tools">

    <!-- 省略 -->

    <androidx.constraintlayout.widget.ConstraintLayout
        android:layout_width="match_parent"
        android:layout_height="wrap_content"
        android:layout_marginTop="16dp"
        android:layout_marginBottom="8dp"
        tools:context=".TootListFragment">

        <TextView
            android:id="@+id/user_name"
-           android:layout_width="match_parent"              ①
+           android:layout_width="wrap_content"
            android:layout_height="wrap_content"
            android:layout_marginStart="8dp"
            android:text="@{toot.account.username}"
            android:textSize="14sp"
-           app:layout_constraintEnd_toEndOf="parent"
            app:layout_constraintStart_toStartOf="parent"
            app:layout_constraintTop_toTopOf="parent"
            tools:text="keiji" />

+       <TextView
+           android:id="@+id/created_at"
+           android:layout_width="wrap_content"
+           android:layout_height="wrap_content"
+           android:layout_marginEnd="8dp"
+           android:text="@{toot.createdAt}"
+           app:layout_constraintTop_toTopOf="@+id/user_name"        ②
+           app:layout_constraintBottom_toBottomOf="@+id/user_name"  ③
+           app:layout_constraintStart_toEndOf="@+id/user_name"      ④
+           app:layout_constraintEnd_toEndOf="@+id/content"          ⑤
+           app:layout_constraintHorizontal_bias="1.0"
+           tools:text="2019-11-26T23:27:31.000Zt" />

        <!-- 省略 -->

    </androidx.constraintlayout.widget.ConstraintLayout>

</layout>
```

① Viewの横幅を表示内容（この場合はテキストの長さ）に合わせる

② 上端をuser_nameの上端に合わせる

③ 下端をuser_nameの下端に合わせる

④ Start（左端）をuser_nameのStartに合わせる

⑤ End（右端）をcontentのEndに合わせる

実行 アプリを実行すると、各Tootの右上に投稿日時が表示されています（図22.9）。

○図22.9：

※投稿日時が表示されている

ConstraintLayoutによるデザインとは

ConstraintLayoutは、各要素について制約（Constraint）を付けることで位置関係を定義します。ConstraintLayoutの中のViewには複雑な属性がついていて、ここまでくると（コードアシストがあるとはいえ）属性を覚えるのは現実的ではなくなってきます。

筆者は、基本的にはレイアウトXMLを直接編集して画面を定義するのが良いと考えています。しかし、ConstraintLayoutだけはデザインビューを使ったほうが効率良くレイアウト作成ができることもあります。

ここで、前述のレイアウト（**リスト22.3**）を作成した手順を紹介します。まずはじめにTextViewを追加します（**リスト22.4**）。

○リスト 22.4：res/layout/list_item_toot.xml

```xml
<?xml version="1.0" encoding="utf-8"?>
<layout xmlns:android="http://schemas.android.com/apk/res/android"
    xmlns:app="http://schemas.android.com/apk/res-auto"
    xmlns:tools="http://schemas.android.com/tools">

    <!-- 省略 -->

    <androidx.constraintlayout.widget.ConstraintLayout
        android:layout_width="match_parent"
        android:layout_height="wrap_content"
        android:layout_marginTop="16dp"
        android:layout_marginBottom="8dp"
        tools:context=".TootListFragment">

        <TextView
            android:id="@+id/user_name"
-           android:layout_width="match_parent"
+           android:layout_width="wrap_content"           ①
            android:layout_height="wrap_content"
            android:layout_marginStart="8dp"
            android:text="@{toot.account.username}"
            android:textSize="14sp"
            app:layout_constraintEnd_toEndOf="parent"
            app:layout_constraintStart_toStartOf="parent"
            app:layout_constraintTop_toTopOf="parent"
            tools:text="keiji" />

+       <TextView
+           android:id="@+id/created_at"
+           android:layout_width="wrap_content"
+           android:layout_height="wrap_content"           ②
+           android:text="@{toot.createdAt}"
+           tools:text="2019-11-26T23:27:31.000Zt" />

        <!-- 省略 -->

    </androidx.constraintlayout.widget.ConstraintLayout>

</layout>
```

① Viewの横幅を表示内容（この場合はテキストの長さ）に合わせる
② TextViewを追加（IDはこの時点で設定する）

　この段階状態でコードビューをデザインビューに切り替えます。追加したTextViewは左上に表示されています（図22.10）。

　created_atをクリックして選択します。上下左右に表示される「制約ハンドル」の右を、created_atを配置しているView（親View）の右側にあるアンカーポイントまでドラッグします（図22.11）。

◯図 22.10：

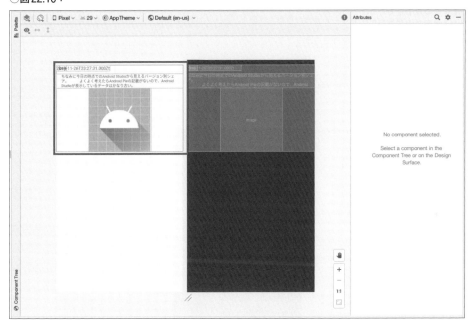

◯図 22.11：

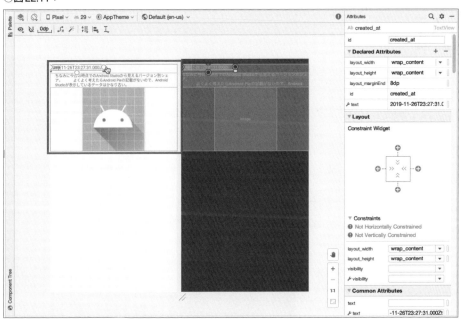

　右端でドロップすると制約が追加され、created_atが右側に移動します（**図22.12**）。

　続いて、左側の制約ハンドルをドラッグして、今度はuser_nameの右側のアンカーポイントでドロップします（**図22.13**）。

○図22.12：

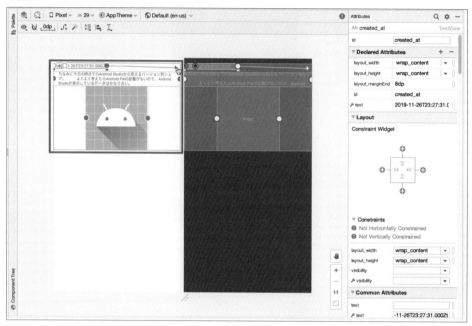

○図22.13：

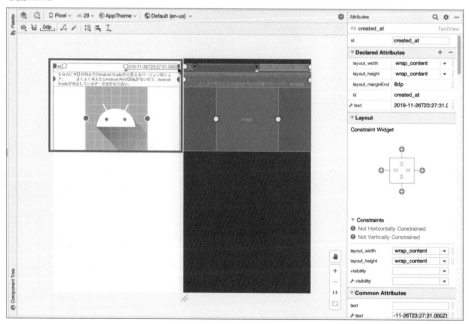

created_atは、user_nameと親Viewの中間に移動します（**図22.14**）。

右側の［Attributes］⇒［Layout］⇒［ConstraintWidget］の中にある左右に動かすハンドルを右いっぱいまで移動させると、create_atが再び右端に移動します（**図22.15**）。

○図22.14：

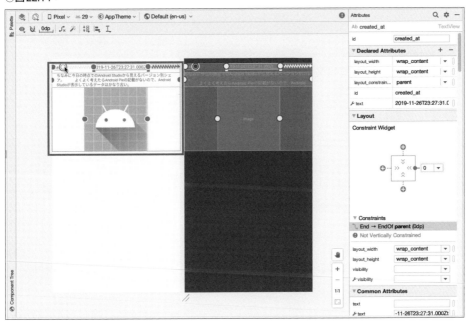

○図22.15：

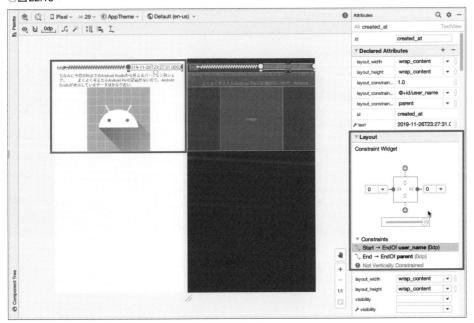

　今度は上下の制約ハンドルをuser_nameのそれぞれ上下のアンカーポイントに結びつけます（図22.16）。

○図22.16：

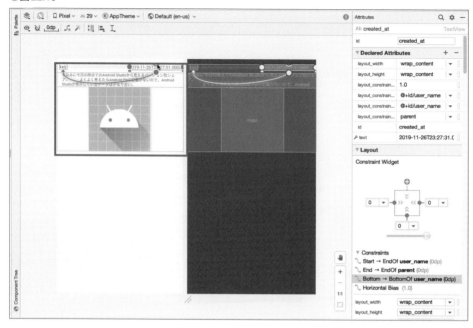

　デザインビューで操作した後、コードビューに切り替えると、created_atのTextViewはリスト22.5のように設定されています。

○リスト22.5：res/layout/list_item_toot.xml

```xml
<TextView
    android:id="@+id/created_at"
    android:layout_width="wrap_content"
    android:layout_height="wrap_content"
    android:text="@{toot.createdAt}"
    app:layout_constraintBottom_toBottomOf="@+id/user_name"
    app:layout_constraintEnd_toEndOf="parent"
    app:layout_constraintHorizontal_bias="1.0"
    app:layout_constraintStart_toEndOf="@+id/user_name"
    app:layout_constraintTop_toTopOf="@+id/user_name"
    tools:text="2019-11-26T23:27:31.000Zt" />
```

ユーザー固有の情報
にアクセスする

本章では、アクセストークンを使ったユーザー固有の情報
へのアクセスについて解説しています。開発者用アクセストー
クンの取得、ホームタイムライン取得、アカウント情報の取
得などを扱います。

Step 23　開発者用アクセストークンを取得する

　これまで、Mastodon APIを通じて公開タイムラインを取得してきました。公開タイムラインはMastodonインスタンス毎に異なりますが、基本的には誰がアクセスしても同じ情報を返します。そのため、アクセスにあたって認証（認可）を必要としませんでした。

　しかし、アカウント固有の情報、たとえばフォローしたユーザーのTootを取得するホームタイムラインなどを取得する場合、アクセス元のアカウントをサーバーに知らせる必要があります。Mastodon APIは、APIにアクセスする際に「アクセストークン」と呼ばれる文字列を渡すことで、どのアカウントからの（認可された）アクセスなのかを判定する仕組みを持っています。

　アクセストークンはユーザーIDとパスワードを元に発行されます。Mastodon APIを使ったアクセストークンをアプリから発行する手順もありますが、後で実装します。

　ここではまず、テストのため、Mastodonの開発者画面から開発者用のアクセストークンを取得します。

アプリの登録と開発者用アクセストークン

　まずはじめに、WebブラウザからMastodonインスタンスにログインします。メニューから［ユーザー設定］をクリックします（図23.1）。

○図23.1：

　左側のメニューから［開発］を選択して、［新規アプリ］ボタンをクリックします（図23.2）。

○図23.2：

作成するアプリの情報を入力します（**図23.3**）。

○図23.3：

設定は後で変更できますが、次の内容を参考にしてください。

- アプリの名前 ：MastodonClient(自由に設定可能)
- アクセス権 ：read writeにチェックを入れる

入力したら［送信］ボタンをクリックします。アプリ一覧に先ほど作成したアプリが表示されます（**図23.4**）。追加したアプリをクリックするとアクセストークン情報が表示されます（**図23.5**）。

○図23.4：

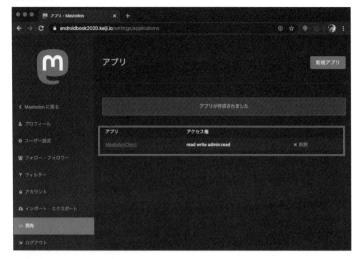

○図23.5：

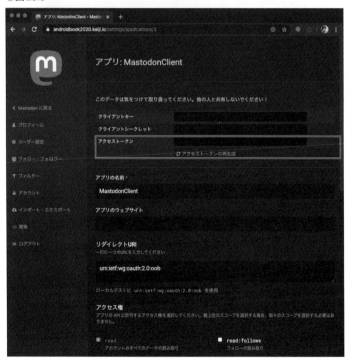

アクセストークンの格納と読み込み

　実務上の話ですが、アクセストークンのようなユーザー固有の情報をソースコードに直接書き込むのは問題があります。

あくまで一時的なもの（将来的に削除する）としても、多くのプロジェクトではバージョン管理システムでコードを管理しているので、変更履歴に残ることになります。また複数人数で開発するときに、開発者それぞれのアクセストークンを設定することも難しくなります。セキュリティに関わる情報は別ファイルに定義して、バージョン管理システムの管理からは外しておきましょう。

まず、プロジェクトの下にinstance.propertiesのテキストファイルを作成して[注1]、**リスト23.1**のようにします（ユーザー名とアクセストークンは、管理画面で作成した開発用のものを入力します）。次に、build.gradleを開いて**リスト23.2**のように変更します。

○リスト23.1：instance.properties

```
instance_url=https://androidbook2020.keiji.io      ①
username=[ユーザー名]
access_token=[取得したアクセストークン]
```

① アクセストークンを発行したMastdonインスタンスのURL

○リスト23.2：app/build.gradle

```
    defaultConfig {

        // 省略

        testInstrumentationRunner "androidx.test.runner.AndroidJUnitRunner"

+       def instanceProperties = project.rootProject.file('instance.properties')
+       if (!instanceProperties.exists()) {                                        ①
+           instanceProperties.createNewFile()
+       }

+       def prop = new Properties()
+       prop.load(project.rootProject.file('instance.properties').               ②
        newDataInputStream())
+       def INSTANCE_URL = prop.getProperty("instance_url") ?: "
+       def USERNAME = prop.getProperty("username") ?: "                          ③
+       def ACCESS_TOKEN = prop.getProperty("access_token") ?: "

+       buildConfigField("String", "INSTANCE_URL", "\"${INSTANCE_URL}\"")
+       buildConfigField("String", "USERNAME", "\"${USERNAME}\"")                 ④
+       buildConfigField("String", "ACCESS_TOKEN", "\"${ACCESS_TOKEN}\"")
    }
```

① プロパティファイルinstance.propertiesがなければ新規作成
② プロパティファイルの読み込み
③ 個々のプロパティを読み込む。存在しなければ空文字として扱う
④ それぞれの値を、BuildConfigに定数として加える

注1　実務ではinstance.propertiesを.gitignoreに登録するなどして、バージョン管理システムの管理から外してください。

変更を終えてSyncすると、ビルドの過程でクラスBuildConfigにbuild.gradleに書いた定数が追加されます（**図23.6**、**リスト23.3**）。BuildConfigに定数が追加されていなければ、Android Studioのメニューの［Build］⇒［Rebuild Project］を実行します。

○図23.6：

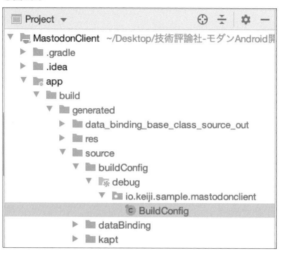

○リスト23.3：app/build/generated/source/buildConfig/debug/io.keiji.sample.mastodonclien.BuildConfig

```
/**
 * Automatically generated file. DO NOT MODIFY
 */
package io.keiji.sample.mastodonclient;

public final class BuildConfig {
  public static final boolean DEBUG = Boolean.parseBoolean("true");
  public static final String APPLICATION_ID = "io.keiji.sample.mastodonclient";
  public static final String BUILD_TYPE = "debug";
  public static final String FLAVOR = "";
  public static final int VERSION_CODE = 1;
  public static final String VERSION_NAME = "1.0";
  // Fields from default config.
  public static final String ACCESS_TOKEN = "[取得したアクセストークン]";
  public static final String INSTANCE_URL = "[インスタンスのURL]";
  public static final String USERNAME = "[ユーザー名]";
}
```

TootListFragmentを開いて、生成された定数のうち`INSTANCE_URL`を利用します（リスト23.4）。

○リスト 23.4：.TootListFragment

```
class TootListFragment : Fragment(R.layout.fragment_toot_list) {

    companion object {
        val TAG = TootListFragment::class.java.simpleName

        private const val API_BASE_URL = "https://androidbook2020.keiji.io"    ①
    }

    private var binding: FragmentTootListBinding? = null

    private lateinit var adapter: TootListAdapter
    private lateinit var layoutManager: LinearLayoutManager

    private val viewModel: TootListViewModel by viewModels {
        TootListViewModelFactory(
            API_BASE_URL,
            BuildConfig.INSTANCE_URL,         ②
            lifecycleScope,
            requireContext()
        )
    }
```

① 不要な定数を削除

② 定数を BuildConfig のものに切り替え

Step 24 ホームタイムラインを取得する

Mastodon APIを使ってアカウント固有のホームタイムラインを取得します。

APIの定義（ホームタイムライン）

MastodonApiを**リスト24.1**のように変更します。

○リスト 24.1：MastodonApi

```
package io.keiji.sample.mastodonclient

import retrofit2.http.GET
import retrofit2.http.Header
import retrofit2.http.Query

interface MastodonApi {

    @GET("api/v1/timelines/public")
    suspend fun fetchPublicTimeline(
        @Query("max_id") maxId: String? = null,
        @Query("only_media") onlyMedia: Boolean = false
    ): List<Toot>
```

```
+          @GET("api/v1/timelines/home")
+          suspend fun fetchHomeTimeline(
+              @Header("Authorization") accessToken: String,      ①
+              @Query("max_id") maxId: String? = null
+          ): List<Toot>
     }
```

① HTTPアクセスのAuthorizationヘッダーにアクセストークンを設定

UserCredentialクラスの作成

　ユーザーの許認可情報をまとめるクラスUserCredentialを作成して**リスト24.2**のように
します。

○リスト24.2：UserCredential

```
package io.keiji.sample.mastodonclient

data class UserCredential(
    val instanceUrl: String,
    var username: String? = null,
    var accessToken: String? = null
)
```

Repositoryの作成

　UserCredentialを管轄するUserCredentialRepositoryを作成して**リスト24.3**のようにし
ます。
　findメソッドは、MastodonインスタンスのURLとユーザー名をキーに、アクセストーク
ンを含んだUserCredentialオブジェクトを返すことを想定していますが、現時点では
UserCredentialはBuildConfigで設定した値しか存在しないため、固定値を返します。

○リスト24.3：UserCredential

```
package io.keiji.sample.photos

import android.app.Application
import kotlinx.coroutines.Dispatchers
import kotlinx.coroutines.withContext

class UserCredentialRepository(
    private val application: Application
```

```
) {

    suspend fun find(
        instanceUrl: String,
        username: String
    ): UserCredential? = withContext(Dispatchers.IO) {

        return@withContext UserCredential(
            BuildConfig.INSTANCE_URL,
            BuildConfig.USERNAME,
            BuildConfig.ACCESS_TOKEN
        )
    }

}
```

① インスタンスURLとユーザー名で検索してUserCredentialのオブジェクトを返す。存在しない場合はnullを返す

② BuildConfigの定数を元に固定値を返す

UserCredentialクラスの利用

TootRepositoryに許認可情報を渡すため、リスト24.4のように変更します。

○リスト24.4：.TootRepository

```
    class TootRepository(
-           instanceUrl: String
+           private val userCredential: UserCredential      } ①
    ) {
        private val moshi = Moshi.Builder()
                .add(KotlinJsonAdapterFactory())
                .build()
        private val retrofit = Retrofit.Builder()
-               .baseUrl(instanceUrl)
+               .baseUrl(userCredential.instanceUrl)
                .addConverterFactory(MoshiConverterFactory.create(moshi))
                .build()

        private val api = retrofit.create(MastodonApi::class.java)

        suspend fun fetchPublicTimeline(
                maxId: String?,
                onlyMedia: Boolean
        ) = withContext(Dispatchers.IO) {
            api.fetchPublicTimeline(
                    maxId = maxId,
                    onlyMedia = onlyMedia
```

```
         )
     }

+        suspend fun fetchHomeTimeline(
+            maxId: String?
+        ) = withContext(Dispatchers.IO) {
+            api.fetchHomeTimeline(
+                accessToken = "Bearer ${userCredential.accessToken}",   ②
+                maxId = maxId
+            )
+        }
     }
```

① コンストラクタに渡す情報をインスタンスのURLからUserCredentialに切り替える

② Mastodon APIはアクセストークンの前にBearer（持参人）を付ける規則になっている

ホームタイムラインの取得と表示

まず、TootListViewModelを**リスト24.5**のように変更します。

○リスト24.5：UserCredential

```
    class TootListViewModel(
-        instanceUrl: String,
+        private val instanceUrl: String,  ⎫
+        private val username: String,     ⎬ ①
         private val coroutineScope: CoroutineScope,
         application: Application
    ) : AndroidViewModel(application), LifecycleObserver {

+        private val userCredentialRepository = UserCredentialRepository(
+            application
+        )
-        private val tootRepository = TootRepository(instanceUrl)   ⎫
+        private lateinit var tootRepository: TootRepository        ⎬ ②

+        private lateinit var userCredential: UserCredential

         val isLoading = MutableLiveData<Boolean>()

         val tootList = MutableLiveData<ArrayList<Toot>>()

         @OnLifecycleEvent(Lifecycle.Event.ON_CREATE)
         fun onCreate() {
-            loadNext()
+            coroutineScope.launch {
+                userCredential = userCredentialRepository    ⎫
+                    .find(instanceUrl, username) ?: return@launch  ⎬ ③
+                tootRepository = TootRepository(userCredential)    ④
```

```
+                       loadNext()
+                   }
+               }
            }

            fun clear() {
                val tootListSnapshot = tootList.value ?: return
                tootListSnapshot.clear()
            }

            fun loadNext() {
                coroutineScope.launch {
                    isLoading.postValue(true)

                    val tootListSnapshot = tootList.value ?: ArrayList()

                    val maxId = tootListSnapshot.lastOrNull()?.id
-                   val tootListResponse = tootRepository.fetchPublicTimeline(
-                       maxId = maxId,
-                       onlyMedia = true
-                   )                                                          ⑤
+                   val tootListResponse = tootRepository.fetchHomeTimeline(
+                       maxId = maxId
+                   )
                    tootListSnapshot.addAll(tootListResponse)
                    tootList.postValue(tootListSnapshot)

                    hasNext = tootListResponse.isNotEmpty()
                    isLoading.postValue(false)
                }
            }
        }
```

① UserCredential を取得するために、instanceUrl と username をコンストラクタで受ける

② TootRepository のインスタンス化に UserCredential が必要なので遅延初期化（lateinit var）に変更

③ UserCredential オブジェクトを取得（検索）、UserCredential が存在しなければ（null であれば）メソッドを終了する

④ 取得した UserCredential オブジェクトを使って TootRepository をインスタンス化

④ 公開タイムライン取得（fetchPublicTimeline）を、ホームタイムライン取得（fetchHomeTimeline）に変更

次に、TootListViewModelFactory を**リスト24.6**のように変更します。

○リスト24.6：UserCredential

```
class TootListViewModelFactory(
        private val instanceUrl: String,
+       private val username: String,
        private val coroutineScope: CoroutineScope,
        private val context: Context
) : ViewModelProvider.Factory {

    override fun <T : ViewModel?> create(modelClass: Class<T>): T {
        return TootListViewModel(
                instanceUrl,
+               username,
                coroutineScope,
                context.applicationContext as Application
        ) as T
    }
}
```

最後に、TootListFragmentをリスト24.7のように変更します。

○リスト24.7：.TootListFragment

```
private val viewModel: TootListViewModel by viewModels {
    TootListViewModelFactory(
            BuildConfig.INSTANCE_URL,
+           BuildConfig.USERNAME,
            lifecycleScope,
            requireContext()
    )
}
```

実行　アプリを実行すると、アカウントがフォローしているユーザーのタイムラインだけが表示されます。

Step 25 アカウント情報を取得する

アクセストークンを使って、アカウントの情報を取得します。アカウント情報の取得は、次の手順で行います。

- APIの定義（アカウント情報の取得）
- AccountRepositoryの作成
- アカウント情報の取得を実行
- アカウント情報の表示

APIの定義（アカウント情報取得）

アカウント情報関係のAPIのドキュメントは、次のURLで確認できます。

URL https://docs.joinmastodon.org/methods/accounts/

MastodonApiを**リスト25.1**のように変更します。

○リスト25.1：.MastodonApi

```
        @GET("api/v1/timelines/home")
        suspend fun fetchHomeTimeline(
            @Header("Authorization") accessToken: String,
            @Query("max_id") maxId: String? = null,
            @Query("limit") limit: Int? = null
        ): List<Toot>

+       @GET("api/v1/accounts/verify_credentials")
+       suspend fun verifyAccountCredential(
+           @Header("Authorization") accessToken: String
+       ): Account
    }
```

Repositoryの作成

Accountを管轄するAccountRepositoryを作成して**リスト25.2**のようにします。

157

○リスト25.2：.AccountRepository

```
package io.keiji.sample.mastodonclient

import com.squareup.moshi.Moshi
import com.squareup.moshi.kotlin.reflect.KotlinJsonAdapterFactory
import kotlinx.coroutines.Dispatchers
import kotlinx.coroutines.withContext
import retrofit2.Retrofit
import retrofit2.converter.moshi.MoshiConverterFactory

class AccountRepository(
    private val userCredential: UserCredential
) {

    private val moshi = Moshi.Builder()
        .add(KotlinJsonAdapterFactory())
        .build()
    private val retrofit = Retrofit.Builder()
        .baseUrl(userCredential.instanceUrl)
        .addConverterFactory(MoshiConverterFactory.create(moshi))
        .build()
    private val api = retrofit.create(MastodonApi::class.java)

    suspend fun verifyAccountCredential(
    ): Account = withContext(Dispatchers.IO) {
        return@withContext api.verifyAccountCredential(
            "Bearer ${userCredential.accessToken}"
        )
    }

}
```

アカウント情報の取得

アカウント情報を取得するためTootListViewModelを**リスト25.3**のように変更します。

○リスト25.3：.TootListViewModel

```
    private lateinit var tootRepository: TootRepository
+   private lateinit var accountRepository: AccountRepository

    private lateinit var userCredential: UserCredential

    val isLoading = MutableLiveData<Boolean>()
+   val accountInfo = MutableLiveData<Account>()        ①
    val tootList = MutableLiveData<ArrayList<Toot>>()

    @OnLifecycleEvent(Lifecycle.Event.ON_CREATE)
    fun onCreate() {
```

```
        coroutineScope.launch {
            userCredential = userCredentialRepository
                .find(instanceUrl, username) ?: return@launch
            tootRepository = TootRepository(userCredential)
+           accountRepository = AccountRepository(userCredential)

            loadNext()
        }
    }

    fun loadNext() {
        coroutineScope.launch {
+           updateAccountInfo()          ②

            isLoading.postValue(true)

            val tootListSnapshot = tootList.value ?: ArrayList()

            val maxId = tootListSnapshot.lastOrNull()?.id
            val tootListResponse = tootRepository.fetchHomeTimeline(
                maxId = maxId
            )
            tootListSnapshot.addAll(tootListResponse)
            tootList.postValue(tootListSnapshot)

            hasNext = tootListResponse.isNotEmpty()
            isLoading.postValue(false)
        }
    }

+   private suspend fun updateAccountInfo() {
+       val accountInfoSnapshot = accountInfo.value
+           ?: accountRepository.verifyAccountCredential()      ③
+
+       accountInfo.postValue(accountInfoSnapshot)
+   }
```

① Fragment・Activity からアカウント情報の変化を受け取る LiveData

② アカウント情報の取得を実行

③ 取得済みのアカウント情報がなければ（LiveData が null なら）API アクセスを実行

アカウント情報を ActionBar に表示

アカウント情報を表示するためにリスト25.4のように変更します。

159

○リスト25.4：.TootListFragment

```
     import android.view.View
+    import androidx.appcompat.app.AppCompatActivity
     import androidx.databinding.DataBindingUtil
     // 省略

     class TootListFragment : Fragment(R.layout.fragment_toot_list) {

         // 省略

         override fun onViewCreated(view: View, savedInstanceState: Bundle?) {

             // 省略

             viewModel.isLoading.observe(viewLifecycleOwner, Observer {
                 binding?.swipeRefreshLayout?.isRefreshing = it
             })
+            viewModel.accountInfo.observe(viewLifecycleOwner, Observer {
+                showAccountInfo(it)                                        ①
+            })
             viewModel.tootList.observe(viewLifecycleOwner, Observer {
                 adapter.notifyDataSetChanged()
             })

             viewLifecycleOwner.lifecycle.addObserver(viewModel)
         }

+        private fun showAccountInfo(accountInfo: Account) {
+            val activity = requireActivity()
+            if (activity is AppCompatActivity) {
+                activity.supportActionBar?.subtitle = accountInfo.username   ②
+            }
+        }
     }
```

① ViewModel側の変更を受けてアカウント情報を表示

② ActionBar（タイトルバー）のサブタイトルにユーザー名（username）を設定

 アプリを実行すると図25.1のようにアカウント名がツールバーに表示されています。

○図25.1：

Step 26　Toot の詳細画面を作成する

Tootの詳細表示画面（Fragment）の作成は、次の手順で行います。

・Fragmentで表示するレイアウトXMLの作成
・ViewModelクラスの作成
・ViewModelFactoryクラスの作成
・Fragmnetクラスの作成

レイアウトXMLの作成

fragment_toot_detail.xmlを作成して**リスト26.1**のようにします。

○リスト26.1：res/layout/fragment_toot_detail.xml

```xml
<?xml version="1.0" encoding="utf-8"?>
<layout xmlns:android="http://schemas.android.com/apk/res/android"
    xmlns:app="http://schemas.android.com/apk/res-auto"
    xmlns:tools="http://schemas.android.com/tools">

    <data>

        <variable
            name="toot"
            type="io.keiji.sample.mastodonclient.Toot" />
    </data>

    <androidx.constraintlayout.widget.ConstraintLayout
        android:layout_width="match_parent"
        android:layout_height="match_parent"
        android:layout_marginTop="16dp"
        android:layout_marginBottom="8dp">

        <TextView
            android:id="@+id/user_name"
            android:layout_width="wrap_content"
            android:layout_height="wrap_content"
            android:layout_marginStart="8dp"
            android:text="@{toot.account.username}"
            android:textSize="14sp"
            app:layout_constraintStart_toStartOf="parent"
            app:layout_constraintTop_toTopOf="parent"
            tools:text="keiji" />

        <TextView
            android:id="@+id/created_at"
            android:layout_width="wrap_content"
            android:layout_height="wrap_content"
```

```xml
            android:layout_marginEnd="8dp"
            android:text="@{toot.createdAt}"
            app:layout_constraintBottom_toBottomOf="@+id/user_name"
            app:layout_constraintEnd_toEndOf="@+id/content"
            app:layout_constraintHorizontal_bias="1.0"
            app:layout_constraintStart_toEndOf="@+id/user_name"
            app:layout_constraintTop_toTopOf="@+id/user_name"
            tools:text="2019-11-26T23:27:31.000Zt" />

        <TextView
            android:id="@+id/content"
            android:layout_width="match_parent"
            android:layout_height="wrap_content"
            android:layout_marginTop="8dp"
            android:paddingStart="16dp"
            android:paddingEnd="16dp"
            android:textSize="12sp"
            app:layout_constraintEnd_toEndOf="parent"
            app:layout_constraintStart_toStartOf="parent"
            app:layout_constraintTop_toBottomOf="@+id/user_name"
            app:spannedContent="@{toot.content}"
            tools:text="ちなみに今日の時点でのAndroid Studioから見えるバージョン別シェア。
            よくよく考えたらAndroid Pieの記載がないので、Android Studioが表示しているデータはかなり
            古い。" />

        <androidx.appcompat.widget.AppCompatImageView
            android:id="@+id/image"
            android:layout_width="200dp"
            android:layout_height="wrap_content"
            android:adjustViewBounds="true"
            app:layout_constraintEnd_toEndOf="parent"
            app:layout_constraintStart_toStartOf="parent"
            app:layout_constraintTop_toBottomOf="@+id/content"
            app:media="@{toot.topMedia}"
            tools:src="@mipmap/ic_launcher" />
    </androidx.constraintlayout.widget.ConstraintLayout>
</layout>
```

このレイアウトファイルをデザインビューで見ると、次の通りです。

○図26.1：

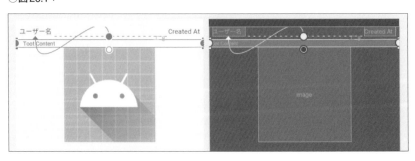

ViewModel クラスの作成

TootDetailViewModel を作成して**リスト 26.2**のようにします。TootListViewModel をコピーして書き換えるのが手軽です。

○リスト 26.2：.TootDetailViewModel

```
package io.keiji.sample.mastodonclient

import android.app.Application
import androidx.lifecycle.AndroidViewModel
import androidx.lifecycle.MutableLiveData
import kotlinx.coroutines.CoroutineScope

class TootDetailViewModel(
    private val tootData: Toot?,
    private val coroutineScope: CoroutineScope,
    application: Application
) : AndroidViewModel(application) {

    val toot = MutableLiveData<Toot>().also {
        it.value = tootData
    }
}
```

ViewModelFactory クラスの作成

TootDetailViewModelFactory を作成して**リスト 26.3**のようにします。

○リスト 26.3：.TootDetailViewModelFactory

```
package io.keiji.sample.mastodonclient

import android.app.Application
import android.content.Context
import androidx.lifecycle.ViewModel
import androidx.lifecycle.ViewModelProvider
import kotlinx.coroutines.CoroutineScope

class TootDetailViewModelFactory(
    private val toot: Toot?,
    private val coroutineScope: CoroutineScope,
    private val context: Context
) : ViewModelProvider.Factory {

    override fun <T : ViewModel?> create(modelClass: Class<T>): T {
        return TootDetailViewModel(
```

```
          toot,
          coroutineScope,
          context.applicationContext as Application
      ) as T
  }
}
```

Fragment クラスの作成

TootDetailFragment を作成して**リスト 26.4** のようにします。

○リスト26.4：.TootDetailFragment

```
package io.keiji.sample.mastodonclient

import android.os.Bundle
import android.view.View
import android.widget.Toast
import androidx.databinding.DataBindingUtil
import androidx.fragment.app.Fragment
import androidx.fragment.app.viewModels
import androidx.lifecycle.Observer
import androidx.lifecycle.lifecycleScope
import io.keiji.sample.mastodonclient.databinding.FragmentTootDetailBinding

class TootDetailFragment : Fragment(R.layout.fragment_toot_detail) {

    companion object {
        val TAG = TootDetailFragment::class.java.simpleName
    }

    private var toot: Toot? = null

    private var binding: FragmentTootDetailBinding? = null

    private val viewModel: TootDetailViewModel by viewModels {
        TootDetailViewModelFactory(
            toot,
            lifecycleScope,
            requireContext()
        )
    }

    override fun onViewCreated(view: View, savedInstanceState: Bundle?) {
        super.onViewCreated(view, savedInstanceState)

        val bindingData: FragmentTootDetailBinding? = DataBindingUtil.bind(view)
        binding = bindingData ?: return

        if (toot == null) {
```

```
            \
                showTootNotFound()
                return
            }

            viewModel.toot.observe(viewLifecycleOwner, Observer {
                bindingData.toot = it
            })
        }

        override fun onDestroyView() {
            super.onDestroyView()

            binding?.unbind()
        }

        private fun showTootNotFound() {
            Toast.makeText(requireContext(), "Toot not found", Toast.LENGTH_LONG).show()
        }
    }
```

COLUMN

DataBindingで遭遇する不具合

　コードからR.layout.* が見つからなかったり、レイアウトに対応するDataBinding のクラスが見当たらなかったり、DataBindingからIDを設定したはずのViewが見つ からなかったりする場合、大体はLayout XMLにエラーがあるので確認してください。

　何度レイアウトXMLを確認しても間違いがなく、不具合が継続するなら、プロジェ クトをリビルドしてみてください。

　リビルドは、Android Studioのメニューから [File] ⇒ [Rebuild Project] を選 択して実行します。リビルドをすると、Android Studioはビルド時間短縮のために保 持している中間ファイルを削除して、一からビルド処理を実行します。

　リビルドをしても問題が解決しないなら「Invalidate Caches / Restart」という手 もあります。

　Android Studioのメニューから [File] ⇒ [Invalidate Caches / Restart] を選 択すると確認が表示されます。[Invalidate and Restart] を選択すると、Android Studioが再起動して、中間ファイルのみならず、コードアシスト用のインデックスなど、 保持している情報をすべて消去してリビルドを実行します。

　[Invalidate Caches / Restart] にはかなり時間がかかるので、あまり頻繁にやり たくはないものです。しかし、必要となるシチュエーションがあることも事実なので覚 えておくとよいでしょう。

Step 27　Toot詳細画面を表示する

Tootの詳細表示画面（Fragment）の表示は、次の手順で行います。

・ Fragmentにパラメーターを設定
・ Fragmentの表示

Fragmentにパラメーターを設定

TootDetailFragmentをリスト27.1のように変更します。

○リスト27.1：.TootDetailFragment

```
    companion object {
        val TAG = TootDetailFragment::class.java.simpleName

+       private const val BUNDLE_KEY_TOOT = "bundle_key_toot"      ①

+       @JvmStatic
+       fun newInstance(toot: Toot): TootDetailFragment {
+           val args = Bundle().apply {
+               putParcelable(BUNDLE_KEY_TOOT, toot)      ④    ③
+           }                                                         ②
+           return TootDetailFragment().apply {
+               arguments = args      ⑤
+           }
+       }
    }

    // 省略

    private val viewModel: TootDetailViewModel by viewModels {
        TootDetailViewModelFactory(
            toot,
            lifecycleScope,
            requireContext()
        )
    }

+   override fun onCreate(savedInstanceState: Bundle?) {
+       super.onCreate(savedInstanceState)
+
+       requireArguments().also {
+           toot = it.getParcelable(BUNDLE_KEY_TOOT)      ⑥
+       }
+   }

    override fun onViewCreated(view: View, savedInstanceState: Bundle?) {
        super.onViewCreated(view, savedInstanceState)
```

① Bundle オブジェクトに値を出し入れする時に使うキーを定義
② companion object（クラスに属するシングルトンインスタンス）のメソッド定義。Java 言語の static メソッドのように扱える
③ Bundle オブジェクトに値を入れる
④ Bundle オブジェクトに Toot オブジェクトを Parcelable として入れる（この時点ではエラーになる）
⑤ Fragment の arguments プロパティに Bundle オブジェクトを設定
⑥ 設定した arguments（Bundle オブジェクト）からキーを使って Toot オブジェクトを取り出す

COLUMN

Fragment アンチパターン

　Fragment クラスにプロパティを作成して外部（Activity など）からデータを設定したり、コンストラクタに引数を取って Fragment にデータを与えていたりするコードを見かけます。しかし、それらは多くの場合、不具合の原因になることがあります。

　Fragment のインスタンスは FragmentManager の管理下にあり、Activity 再生成などのタイミングなどで、FragmentManager によってインスタンス化されることがあります。その際、FragmentManager は、引数無しの空コンストラクタを使うので、コンストラクタ経由でデータは渡されません。

　また、Fragment のプロパティに設定するケースでも、Activity のライフサイクルによっては、プロパティにデータを設定する経路を通らない可能性もあります。そうして再生成された Fragment は、必要なデータを持たない状態で処理されて、本来あるべきオブジェクトが存在せず、エラーが発生する可能性があります。

　基本的には Bundle オブジェクトを arguments に設定して渡すのが、Fragment にもっともスタンダードな方法と覚えておいてください。

▶クラスへ Parcelable インターフェースを実装

　Bundle オブジェクトに Toot オブジェクトを、putParcelable メソッドを使って入れようとしたがエラーにります（**図27.1**）。putParcelable メソッドを使って Bundle に値を入れるには、そのクラスが Parcelable インターフェースを実装していなければいけません。

○図27.1：

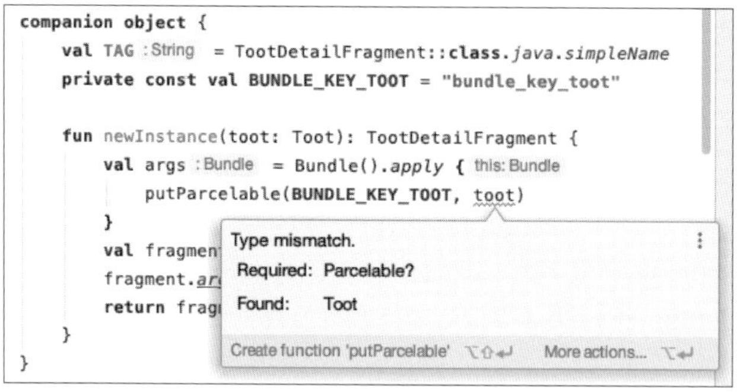

```
companion object {
    val TAG :String  = TootDetailFragment::class.java.simpleName
    private const val BUNDLE_KEY_TOOT = "bundle_key_toot"

    fun newInstance(toot: Toot): TootDetailFragment {
        val args :Bundle  = Bundle().apply { this: Bundle
            putParcelable(BUNDLE_KEY_TOOT, toot)
        }
        val fragmen
        fragment.ar
        return frag
    }
}
```

Type mismatch.
Required: Parcelable?
Found: Toot

Create function 'putParcelable'　⌥⇧↵　　More actions...　⌥↵

そこで、リスト27.2のように変更します。

○リスト27.2：.Toot

```
+      import android.os.Parcelable
       import com.squareup.moshi.Json
+      import kotlinx.android.parcel.Parcelize

+      @Parcelize      ①
       data class Toot(
           val id: String,
           @Json(name = "created_at") val createdAt: String,
           val sensitive: Boolean,
           val url: String,
           @Json(name = "media_attachments") val mediaAttachments: List<Media>,
           val content: String,
           val account: Account
-      ) {
+      ) : Parcelable {      ②
           val topMedia: Media?
               get() = mediaAttachments.firstOrNull()
       }
```

① Parcelableの実装を自動生成するアノテーション
② Parcelableインターフェースを実装

　TootにParcelableを実装すると、今度はMediaのリストとAccountでエラーが発生します（図27.2）。Parcelableでシリアライズの対象となるプロパティのクラスは、すべてParcelableでなければならないためです。

○図27.2：

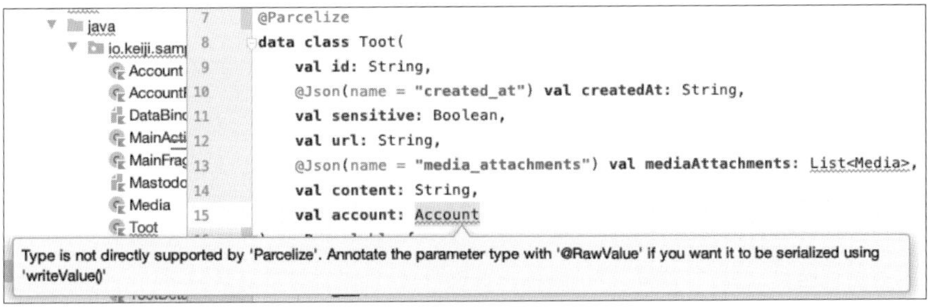

Account と Media を、それぞれ**リスト27.3**、**リスト27.4**のように変更します。

○リスト27.3：.Account

```
+      import android.os.Parcelable
       import com.squareup.moshi.Json
+      import kotlinx.android.parcel.Parcelize

+      @Parcelize
       data class Account(
           val id: String,
           val username: String,
           @Json(name = "display_name") val displayName: String,
           val url: String
-      )
+      ) : Parcelable
```

○リスト27.4：.Media

```
+      import android.os.Parcelable
       import com.squareup.moshi.Json
+      import kotlinx.android.parcel.Parcelize

+      @Parcelize
       data class Media(
           val id: String,
           val type: String,
           val url: String,
           @Json(name = "preview_url") val previewUrl: String
-      )
+      ) : Parcelable
```

Tips Parcelable（Parcel）とは

Parcelable（Parcel）は、Androidフレームワークが用意しているオブジェクト・シリアライズの仕組みです。メモリの少ないモバイルデバイス向けに設計されていて、Javaの

Serializableよりシリアライズ後のデータ量が小さくなります。

　シリアライズの対象がKotlinのData Classであれば、Parcelizeアノテーションを付けることでParcelableの実装を省略（自動生成）できます。Parcelizeアノテーションを使わない場合のParcelable実装を**リスト27.5**に示します。

○リスト27.5：.Media

```kotlin
import android.os.Parcelable
import com.squareup.moshi.Json

data class Media(
    val id: String?,
    val type: String?,
    val url: String?,
    @Json(name = "preview_url") val previewUrl: String?           ①
) : Parcelable {

    constructor(parcel: Parcel) : this(
        parcel.readString(),
        parcel.readString(),
        parcel.readString(),                                      ②
        parcel.readString()) {
    }

    override fun writeToParcel(parcel: Parcel, flags: Int) {
        parcel.writeString(id)
        parcel.writeString(type)
        parcel.writeString(url)                                   ③
        parcel.writeString(previewUrl)
    }

    override fun describeContents(): Int {
        return 0                                                  ④
    }

    companion object CREATOR : Parcelable.Creator<Media> {
        override fun createFromParcel(parcel: Parcel): Media {
            return Media(parcel)
        }
                                                                  ⑤
        override fun newArray(size: Int): Array<Media?> {
            return arrayOfNulls(size)
        }
    }
}
```

① プライマリコンストラクタ。引数の型がすべて？（null許容）になる

② Parcelからデータを読み込む。readString()メソッドはnullを返す可能性がある

③ Parcelにデータを書き込む。読み込みと書き込みのデータ順は同じでなければならない

④ コンテンツの種類を表す値を返す。FileDescripterでないなら0。

⑤ ParcelオブジェクトからParcelableオブジェクト（配列）のインスタンスを生成する役
割を担うcompanion object

　ご覧のとおり煩雑です。Android Studioの機能を使うと、かなりの部分を自動で生成で
きます。しかし、少なくともAndroid Studioが生成するコードではコンストラクタのプロ
パティをすべてnull許容にしなければいけません。parcelからの読み出し時に！！でnullで
はないと見做すように書き換える必要があります。

Fragmentの表示

　ユーザーが詳細を見たいTootを選択したとき、Fragmentを表示します。
　TootListAdapterとTootListFragmentを、それぞれ**リスト27.6**、**リスト27.7**のように変
更します。

○リスト27.6：.TootListAdapter

```
class TootListAdapter(
    private val layoutInflater: LayoutInflater,
-   private val tootList: ArrayList<Toot>
+   private val tootList: ArrayList<Toot>,
+   private val callback: Callback?
) : RecyclerView.Adapter<TootListAdapter.ViewHolder>() {

+   interface Callback {
+       fun openDetail(toot: Toot)          ①
+   }

    override fun getItemCount() = tootList.size

    override fun onCreateViewHolder(
        parent: ViewGroup,
        viewType: Int
    ): ViewHolder {
        val binding = DataBindingUtil.inflate<ListItemTootBinding>(
            layoutInflater,
            R.layout.list_item_toot,
            parent,
            false
        )
-       return ViewHolder(binding)
+       return ViewHolder(binding, callback)
    }

    override fun onBindViewHolder(
        holder: ViewHolder,
        position: Int
```

```
      ) {
          holder.bind(tootList[position])
      }

      class ViewHolder(
-             private val binding: ListItemTootBinding
+             private val binding: ListItemTootBinding,
+             private val callback: Callback?
      ) : RecyclerView.ViewHolder(binding.root) {
          fun bind(toot: Toot) {
              binding.toot = toot
+             binding.root.setOnClickListener {
+                 callback?.openDetail(toot)                  ②
+             }
          }
      }
  }
```

① コールバックのインターフェース

② 要素をタップしたイベントのリスナーを設定

③ Toot オブジェクトを引数として openDetail をコールバック

○リスト 27.7：.TootListFragment

```
- class TootListFragment : Fragment(R.layout.fragment_toot_list) {
+ class TootListFragment : Fragment(R.layout.fragment_toot_list),
+     TootListAdapter.Callback {        ①

      // 省略

      override fun onViewCreated(view: View, savedInstanceState: Bundle?) {
          super.onViewCreated(view, savedInstanceState)

          val tootListSnapshot = viewModel.tootList.value ?: ArrayList<Toot>().also {
              viewModel.tootList.value = it
          }

-         adapter = TootListAdapter(layoutInflater, tootListSnapshot)
+         adapter = TootListAdapter(layoutInflater, tootListSnapshot, this)       ②
          layoutManager = LinearLayoutManager(
              requireContext(),
              LinearLayoutManager.VERTICAL,
              false)
          val bindingData: FragmentTootListBinding? = DataBindingUtil.bind(view)
          binding = bindingData ?: return

          // 省略
      }

      // 省略
```

```
  \
+        override fun openDetail(toot: Toot) {
+            val fragment = TootDetailFragment.newInstance(toot)      ④
+            parentFragmentManager.beginTransaction()
+                .replace(R.id.fragment_container, fragment)
+                .addToBackStack(TootDetailFragment.TAG)                ⑤      ③
+                .commit()
+        }
    }
```

① TootListAdapterのCallbackインターフェースを実装

② TootListAdapterに（Callbackを実装した）Fragmentのインスタンスを渡す

③ 要素タップ時にTootListAdapter内から呼び出される

④ TootDetailFragmentのインスタンス生成（argumentsにTootが設定済み）

⑤ Fragment遷移。FragmentManagerにはparentFragmentManagerを指定

 アプリを実行して、表示されたToot一覧から詳細を見たいものをタップすると図
27.3のようになります。

○図27.3：

 Step 28 詳細画面にすべての画像を表示する

現在の詳細画面は、一覧画面を踏襲して添付画像を1枚しか表示していません。しかし実
際のTootには2枚以上の画像が添付されることがあります。

画像の表示は、次の手順で行います。

- レイアウトXMLを作成
- RecyclerViewに設定するAdapterを作成
- レイアウトXMLを変更
- FragmentでRecyclerViewを表示

レイアウトXMLを作成

　画像を1枚表示するレイアウトとしてlist_item_media.xmlを作成して、**リスト28.1**のようにします。

◯リスト28.1：res/layout/list_item_media.xml

```xml
<?xml version="1.0" encoding="utf-8"?>
<layout xmlns:android="http://schemas.android.com/apk/res/android"
    xmlns:app="http://schemas.android.com/apk/res-auto"
    xmlns:tools="http://schemas.android.com/tools">

    <data>

        <variable
            name="media"
            type="io.keiji.sample.mastodonclient.Media" />    ①
    </data>

        <androidx.appcompat.widget.AppCompatImageView
            android:id="@+id/image"
            android:layout_width="wrap_content"
            android:layout_height="match_parent"
            android:layout_marginStart="8dp"
            android:layout_marginEnd="8dp"
            android:adjustViewBounds="true"
            app:media="@{media}"        ②
            tools:src="@mipmap/ic_launcher" />

</layout>
```

① レイアウトにクラスMediaを結びつけて、mediaという名前で参照
② 画像を表示

RecyclerViewに設定するAdapterを作成

　MediaAdapterを作成して**リスト28.2**のようにします。

○リスト28.2：.MediaAdapter

```kotlin
package io.keiji.sample.mastodonclient

import android.view.LayoutInflater
import android.view.ViewGroup
import androidx.databinding.DataBindingUtil
import androidx.recyclerview.widget.RecyclerView
import io.keiji.sample.mastodonclient.databinding.ListItemMediaBinding

class MediaListAdapter(
        private val layoutInflater: LayoutInflater
) : RecyclerView.Adapter<MediaListAdapter.ViewHolder>() {

    var mediaList: List<Media> = emptyList()
        set(value) {
            field = value
            notifyDataSetChanged()
        }                                         ①

    override fun getItemCount() = mediaList.size

    override fun onCreateViewHolder(
        parent: ViewGroup,
        viewType: Int
    ): ViewHolder {
        val binding = DataBindingUtil.inflate<ListItemMediaBinding>(
                layoutInflater,
                R.layout.list_item_media,
                parent,
                false
        )
        return ViewHolder(binding)
    }

    override fun onBindViewHolder(
        holder: ViewHolder,
        position: Int
    ) {
        holder.bind(mediaList[position])
    }

    class ViewHolder(
            private val binding: ListItemMediaBinding
    ) : RecyclerView.ViewHolder(binding.root) {
        fun bind(media: Media) {
            binding.media = media
        }
    }
}
```

① プロパティにMediaのリストを設定すると、表示の更新（notifyDataSetChanged）を実行

レイアウトXMLを変更

fragment_toot_detail.xmlを**リスト28.3**のように変更して、AppCompatImageViewを
RecyclerViewに置き換えます。

○リスト28.3：res/layout/fragment_toot_detail.xml

```
        <TextView
            android:id="@+id/content"
            android:layout_width="match_parent"
            android:layout_height="wrap_content"
            android:layout_marginTop="8dp"
            android:paddingStart="16dp"
            android:paddingEnd="16dp"
            android:textSize="12sp"
            app:layout_constraintEnd_toEndOf="parent"
            app:layout_constraintStart_toStartOf="parent"
            app:layout_constraintTop_toBottomOf="@+id/user_name"
            app:spannedContent="@{toot.content}"
            tools:text="ちなみに今日の時点でのAndroid Studioから見えるバージョン別シェア。
            よくよく考えたらAndroid Pieの記載がないので、Android Studioが表示しているデータはかなり
            古い。" />
-       <androidx.appcompat.widget.AppCompatImageView
-           android:id="@+id/image"
-           android:layout_width="200dp"
-           android:layout_height="wrap_content"
-           android:adjustViewBounds="true"
-           app:layout_constraintEnd_toEndOf="parent"
-           app:layout_constraintStart_toStartOf="parent"
-           app:layout_constraintTop_toBottomOf="@+id/content"
-           app:media="@{toot.topMedia}"
-           tools:src="@mipmap/ic_launcher" />
+       <androidx.recyclerview.widget.RecyclerView
+           android:id="@+id/recycler_view"
+           android:layout_width="match_parent"
+           android:layout_height="256dp"
+           android:layout_marginTop="16dp"
+           app:layout_constraintEnd_toEndOf="parent"
+           app:layout_constraintStart_toStartOf="parent"
+           app:layout_constraintTop_toBottomOf="@+id/content"
+           tools:listitem="@layout/list_item_media" />

    </androidx.constraintlayout.widget.ConstraintLayout>
```

○図28.1：

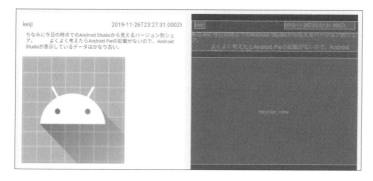

FragmentでRecyclerViewを表示

TootDetailFragmentをリスト28.4のように変更します。

○リスト28.4：.TootDetailFragment

```
   import androidx.lifecycle.lifecycleScope
+  import androidx.recyclerview.widget.LinearLayoutManager
   import io.keiji.sample.mastodonclient.databinding.FragmentTootDetailBinding

   class TootDetailFragment : Fragment(R.layout.fragment_toot_detail) {

       // 省略

+      private lateinit var adapter : MediaListAdapter

       override fun onViewCreated(view: View, savedInstanceState: Bundle?) {
           super.onViewCreated(view, savedInstanceState)

           val bindingData: FragmentTootDetailBinding? = DataBindingUtil.bind(view)
           binding = bindingData ?: return

           if (toot == null) {
               showTootNotFound()
               return
           }

+          bindingData.recyclerView.layoutManager = LinearLayoutManager(
+                  requireContext(),
+                  LinearLayoutManager.HORIZONTAL,        ①
+                  false
+          )
+          bindingData.recyclerView.adapter = MediaListAdapter(layoutInflater).also {
+              adapter = it
+          }
```

```
            viewModel.toot.observe(viewLifecycleOwner, Observer {
                bindingData.toot = it
 +              adapter.mediaList = it.mediaAttachments        ②
            })
        }
```

① 要素をHORIZONTAL（水平方向）に並べる指定

② メディア一覧を表示

 アプリを実行して、表示されたToot一覧から詳細を見たいものをタップすると図28.2のように画像が複数枚表示されています。

○図28.2：

Fragmentと Activityを遷移する

本章では、FragmentとActivityの遷移について解説して います。下メニュー（BottomNavigation）、Fragmentの切 り替え、インテントによるActivity遷移などを説明します。

Step 29 パッケージを分割する

　ここまで作成するクラスはすべてパッケージio.keiji.sample.mastodonclientに配置してきました。あらためてProject View（**図29.1**）で見ると、同じ階層に違う役割のクラスが並んでいて、見通しが悪くなっているのがわかります。

○図29.1：

○図29.2：

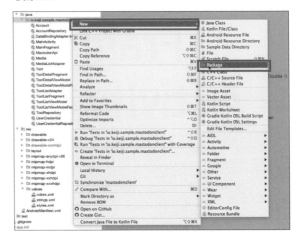

パッケージを分割して再配置

　今後の開発を効率化するため、パッケージを分割して再配置します。

　パッケージは、大きく役割ごとに、ユーザーインターフェースの表示を担当する`ui`と、データ`entity`、データへのアクセスを担当する`repository`を作成します。さらに`ui`については`toot_list`と`toot_detail`を作成して、それぞれ関連するクラスを配置します。

　パッケージの作成は、基準となるパッケージにカーソルを合わせて右クリックして、表示されるメニューから［New］⇒［Package］を選択します（**図29.2**）。

　表示されるダイアログに、作成するパッケージを入力して［OK］ボタンをクリックします（図29.3）。

○図29.3：

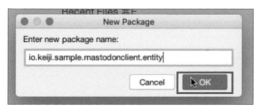

クラスの移動方法

　クラスの移動方法は2つあります。

　1つ目はAndroid Studio上でドラッグ＆ドロップです（図29.4）。クラスを移動したいパッケージにドロップすると確認のダイアログ（図29.5）が表示されるので［Refactor］ボタンをクリックします。

○図29.4：

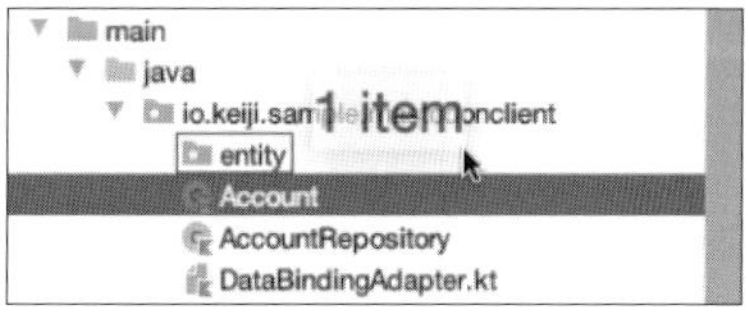

○図29.5：

　2つ目は、パッケージを移動したいクラスにカーソルを合わせて右クリックして、表示されるメニューから［Refactor］⇒［Move］を選択します（**図29.6**）。**図29.5**と同じダイアログが表示されるので、移動先のパッケージを入力して［Refactor］ボタンをクリックする（**図29.7**）。

○図29.6：

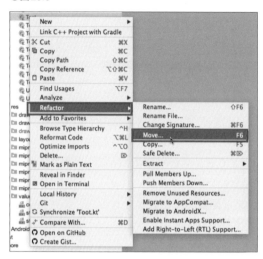

○図29.7：

　クラスは1つずつ移動する必要があります。複数のクラスのパッケージ移動はできないので注意が必要です（**図29.8**）。

○図29.8：

　クラスを移動すると、移動したクラスを参照しているコード（import文）も自動的に書き換わります。レイアウトXMLから参照しているクラスのパッケージも正しく変更されているか確認しておきましょう（例：**リスト29.1**）。

○リスト29.1：res/layout/list_item_media.xml

```
    <data>

        <variable
            name="media"
-           type="io.keiji.sample.mastodonclient.Media" />
+           type="io.keiji.sample.mastodonclient.entity.Media" />

    </data>
```

 Step 30 下メニュー（BottomNavigation）を追加する

　画面に下メニュー（BottomNavigation）を追加して、複数のFragmentを切り替えるインターフェースを作ります。

　BottomNavigationの追加は、次の手順で行います。

- ライブラリの追加（Material Components）
- スタイルの変更
- レイアウト XML の変更
- メニュー XML の作成
- Fragment の切り替え
- メニューアイコンを設定

ライブラリの追加（Material Components）

　BottomNavigation は、Material Design Guideline に規定されたコンポーネント[注1]で、ライブラリ「Material Components for Android」として利用できます。build.gradle を開いて、dependencies に「Material Components for Android」を追加します（**リスト30.1**）。

○リスト30.1：app/build.gradle

```
  dependencies {
      // 省略
      implementation 'androidx.swiperefreshlayout:swiperefreshlayout:1.0.0'
+     implementation "com.google.android.material:material:1.1.0"        ①
  }
```

① Material Components for Android を追加。バージョンは本書執筆時点で最新の 1.1.0 を指定

Tips　Material Design とは

　米 Google 社が 2014 年に発表したデザインガイドラインです。Android アプリ、Web システムなど特定のプラットフォームに限定しない、統一されたインターフェースの実現を目指したもので、Google のサービス・アプリの多くがこの Material Design に則って作られています。

　Material Design そのものを解説したサイトがあります。

URL https://material.io/

　BottomNavigation や後述する Floating Action Button のようなコンポーネント、レイアウトのグリッドシステムに基づく余白の入れ方から、表示フォントまで細部まで規定されています。

　Material Design Guideline は、それだけで本を一冊書けるくらいに分量が多いです。また、突然、ガイドラインが追加されたり変更されたりするので、実務に携わる開発者は常に追っている必要があります。

注1　URL https://material.io/components/bottom-navigation/

スタイル変更

Material Design Componentを導入したので、合わせてスタイルを変更します。
res/values/styles.xmlを**リスト30.2**のように変更します。

○リスト30.2：res/values/styles.xml

```
<resources>

    <!-- Base application theme. -->
-   <style name="AppTheme" parent="Theme.AppCompat.Light.DarkActionBar">
+   <style name="AppTheme" parent="Theme.MaterialComponents.Light.DarkActionBar">
        <!-- Customize your theme here. -->
        <item name="colorPrimary">@color/colorPrimary</item>
        <item name="colorPrimaryDark">@color/colorPrimaryDark</item>
        <item name="colorAccent">@color/colorAccent</item>
    </style>

</resources>
```

「スタイル（style）」で、画面を構成する部品の大きさや色などのデザインを変更できます。いくつかのスタイル指定をまとめたものを「テーマ（Theme）」と呼びます。

Android Studioで作成したアプリは、標準でAppThemeを利用しています。**リスト30.2**では、AppThemeの親（parent）のテーマを切り替えることで、アプリケーションにMaterialComponentのテーマを適用しています。

スタイルの切り替え前と切り替え後は、それぞれ**図30.1**のようになります。

○図30.1：

※標準のテーマ（左）とMaterial Theme（右）

レイアウト XML の変更

activity_main.xml を**リスト30.3**のように書き換えます。

○リスト30.3：res/layout/activity_main.xml

```xml
<?xml version="1.0" encoding="utf-8"?>
<layout xmlns:android="http://schemas.android.com/apk/res/android"
    xmlns:app="http://schemas.android.com/apk/res-auto"         ①
    xmlns:tools="http://schemas.android.com/tools">

    <androidx.constraintlayout.widget.ConstraintLayout
        android:id="@+id/root"
        android:layout_width="match_parent"
        android:layout_height="match_parent"
        tools:context=".ui.MainActivity">

        <androidx.fragment.app.FragmentContainerView
            android:id="@+id/container"
            android:layout_width="match_parent"
            android:layout_height="0dp"
            app:layout_constraintBottom_toTopOf="@+id/bottom_navigation"
            app:layout_constraintEnd_toEndOf="parent"
            app:layout_constraintStart_toStartOf="parent"
            app:layout_constraintTop_toTopOf="parent" />

        <com.google.android.material.bottomnavigation.BottomNavigationView
            android:id="@+id/bottom_navigation"
            android:layout_width="match_parent"
            android:layout_height="wrap_content"
            android:background="?android:attr/windowBackground"   ③        ②
            app:menu="@menu/bottom_navigation"        ④
            app:layout_constraintBottom_toBottomOf="parent"
            app:layout_constraintEnd_toEndOf="parent"
            app:layout_constraintStart_toStartOf="parent" />

    </androidx.constraintlayout.widget.ConstraintLayout>

</layout>
```

① DataBinding の対象にする
② BottomNavigationView を画面の下端に配置
③ 背景色を設定。指定しないと黒色で表示される
④ BottomNavigation に表示するメニューリソースを指定（この段階ではエラーになる）

メニュー XML の作成

res の下に menu ディレクトリを新規作成します。メニューリソース（res/menu）に bottom_navigation.xml を作成して**リスト30.4**のようにします。

○リスト30.4：res/menu/bottom_navigation.xml

```xml
<?xml version="1.0" encoding="utf-8"?>
<menu xmlns:android="http://schemas.android.com/apk/res/android">
    <item
        android:id="@+id/menu_home"
        android:title="User" />
    <item
        android:id="@+id/menu_public"
        android:title="Public" />
</menu>
```

Fragmentの切り替え

.ui.MainActivityをリスト30.5のようにします。

○リスト30.5：.ui.MainActivity

```
     import androidx.appcompat.app.AppCompatActivity
+    import androidx.databinding.DataBindingUtil
     import io.keiji.sample.mastodonclient.R
+    import io.keiji.sample.mastodonclient.databinding.ActivityMainBinding
     import io.keiji.sample.mastodonclient.ui.toot_list.TootListFragment

     class MainActivity : AppCompatActivity() {

         override fun onCreate(savedInstanceState: Bundle?) {
             super.onCreate(savedInstanceState)
-            setContentView(R.layout.activity_main)
+            val binding: ActivityMainBinding =
+                DataBindingUtil.setContentView(this, R.layout.activity_main)      ①

+            binding.bottomNavigation.setOnNavigationItemSelectedListener {
+                val fragment = when (it.itemId) {
+                    R.id.menu_home -> TootListFragment()
+                    R.id.menu_public -> TootListFragment()                        ③
+                    else -> null
+                }
+                fragment ?: return@setOnNavigationItemSelectedListener false      ④

+                supportFragmentManager.beginTransaction()
+                    .replace(
+                        R.id.fragment_container,
+                        fragment,                                                 ⑤
+                        TootListFragment.TAG
+                    )
+                    .commit()

+                return@setOnNavigationItemSelectedListener true                   ②
+            }

             if (savedInstanceState == null) {
             // 省略
```

① DataBinding を使ってレイアウト XML の表示。ActivityMainBinding クラスのオブジェクトへバインドする
② BottomNavigation のタブを選択したときのイベントリスナーを設定
③ 選択されたタブの itemId（bottom_navigation.xml で設定）に応じて Fragment をインスタンス化
④ fragment が null であればリスナーの処理を抜ける（return する）
⑤ fragment を表示

 アプリを実行すると、下に BottomNavigation が表示されます（図30.2）。Home と Public のメニューをタップすると一瞬 Fragment がリロードします。しかし、どちらの Fragment も同じ「ホームタイムライン」の表示となります。

○図30.2：

User	Public

メニューアイコンを設定

BottomNavigation は、それぞれの「タブ」にアイコン（小さな画像）を設定できます。アイコン素材は「Material Design」のサイトからダウンロードできます。

URL https://material.io/resources/icons/?style=baseline

ここでは次のアイコンをダウンロードします（person は図30.3、public は図30.4）

・person（black, 18dp）
・public（black, 18dp）

○図30.3：　　　　○図30.4：

▶リソースのコピー

　res/drawable-xxxhdpiディレクトリを新規作成して、baseline_person_black_18.pngと
baseline_public_black_18.pngをコピーします。

　作成したdrawable-xxxhdpiディレクトリにカーソルを合わせて右クリックして、表示さ
れるメニューから［Reveal in Finder］（Windowsの場合は［Show in Explorer］）をクリッ
クします。

○図30.5：

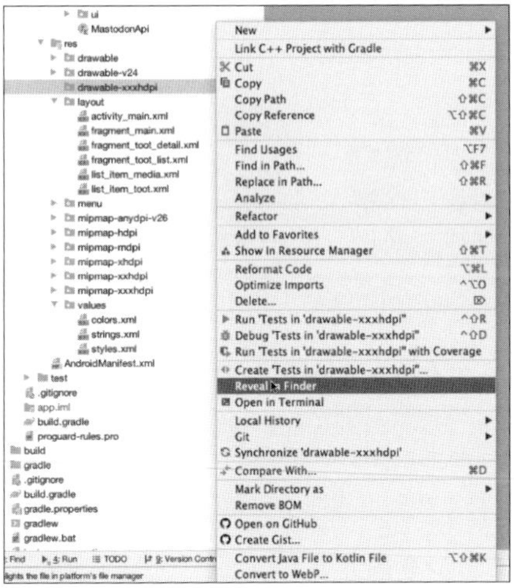

　起動したFinderやExplorerからdrawable-xxxhdpiディレクトリにファイルをコピーしま
す。

▶ Tips リソース修飾子とは

　ディレクトリdrawable-xxxhdpiの-xxxhdpiのように、ハイフンで区切られて付加され
た文字列は「リソース修飾子（Resource Qualifier）」と呼ばれます。

　開発したAndroidアプリは、さまざまなデバイスで動作することになります。デバイスに
よって搭載しているAndroidのバージョン、ディスプレイの解像度、ユーザーが使用してい
る言語設定など、さまざまな点で異なる場合があり、それらの要素のすべての組み合わせで
実行ファイルを作成するのは現実的ではありません。

　Androidのシステムにはリソースマネージャー（Resource Manager）という仕組みがあ
ります。アプリ開発者が、リソースを格納するディレクトリにどのような環境に向けたリソー
スかを示す「修飾子」を付けておくと、アプリが実行されるタイミングで、リソースマネー
ジャーが最適なリソースを選択します。

　たとえばmipmapから始まるディレクトリには、「-mdpi」「-hdpi」「-xhdpi」「-xxhdpi」

「-xxxhdpi」「-anydpi-v26」の6つがあります。前の5つはすべてにic_launcher.pngとic_launcher_round.pngという2つの画像ファイルが含まれています。最後の-anydpi-v26についても含まれているのはXMLファイルという違いはあるものの、拡張子を除いたファイル名部分は同じです。

これらはピクセル密度に毎に用意されたアプリアイコンで、それぞれサイズが異なります（**図30.6**）。実際にどのファイルを表示するかはリソースマネージャーがアプリが動作するデバイスに応じて決定します。

○図30.6：

リソース修飾子には、ディスプレイ解像度（-xxxhdpi）だけでなく、Androidのバージョンに関係するもの（-v24）や、言語に関係するもの（-ja, -en）などさまざまなものがあります[注2]。

▶メニューリソースにアイコンを設定

メニューリソースbottom_navigation.xmlを開いて**リスト30.6**のように変更します。

○リスト30.6：res/menu/bottom_navigation.xml

```
    <item
        android:id="@+id/menu_home"
+       android:icon="@drawable/baseline_person_black_18"
        android:title="User" />
    <item
        android:id="@+id/menu_public"
+       android:icon="@drawable/baseline_public_black_18"
        android:title="Public" />
```

アプリを実行すると、下にアイコンが設定されたBottomNavigationが表示されます（**図30.7**）。

注2　**URL** https://developer.android.com/guide/topics/resources/providing-resources?hl=en#QualifierRule

○図30.7：

非推奨だったBottomNavigation

　Androidが登場してから長い間、BottomNavigationは「下タブバー」と呼ばれ非推奨とされてきました[注3]。

　現在はMaterial DesignにBottomNavigationが追加されて一般的になりましたが[注4]、筆者は、初めて「Google+（現在はサービス終了）」のクライアントアプリでBottomNavigationが採用されているのを見たときの驚き[注5]を、今でもよく覚えています。

　昨日の常識が、今日覆ることもあります。1年前には最先端の知識を身につけていた開発者が、今年は完全に時代遅れになっている可能性があるのが今のAndroidアプリ開発です。

　逆に言えば、常に先頭に立てるチャンスがあるとも考えられますね。

注3　Android Design in Action：Common UX Issues（Japanese）**URL** https://youtu.be/x_gxZd9kLv4?t=248]

注4　**URL** Bottom navigation **URL** https://material.io/components/bottom-navigation/

注5　**URL** https://twitter.com/keiji_ariyama/status/711518146755035136

Step 31　選択したメニューに応じて表示するタイムラインを切り替える

BottomNavigationの表示と動作を終えました。しかし、HomeとPublicのメニューをタップしても、どちらのFragmentも同じ「ホームタイムライン」の表示となります。

これはTootListFragmentに、タイムラインを切り替える仕組みを作っていないのが原因です。どちらのタブを押しても、結局fetchHomeTimelineを実行しています。

TootListFragmentを表示する際に、HomeとPublicどちらのタイムラインを表示するのか、設定できるようにしましょう。

Fragmentにタイムラインの種類を設定するには、次の手順で行います。

- TimelineTypeの追加
- ViewModelとViewModelFactoryの変更
- Fragmentにパラメーターを追加
- Fragment生成時にパラメーターを設定

TimelineTypeの追加

パッケージ.ui.toot_listにTimelineTypeを作成して、**リスト31.1**のようにします。

○リスト31.1：.ui.toot_list.TimelineType

```
enum class TimelineType {        ①
    HomeTimeline,
    PublicTimeline
}
```

① タイムラインの種類を列挙型で定義

ViewModelとViewModelFactoryの変更

.ui.toot_list.TootListViewModelを**リスト31.2**のように変更します。

○リスト31.2：.ui.toot_list.TootListViewModel

```
class TootListViewModel(
    private val instanceUrl: String,
    private val username: String,
+   private val timelineType: TimelineType,        ①
    private val coroutineScope: CoroutineScope,
```

```
        application: Application
    ) : AndroidViewModel(application), LifecycleObserver {

        // 省略

        fun loadNext() {
            coroutineScope.launch {

                // 省略

                val maxId = tootListSnapshot.lastOrNull()?.id
-               val tootListResponse = tootRepository.fetchHomeTimeline(
-                   maxId = maxId
-               )
+               val tootListResponse = when (timelineType) {
+                   TimelineType.PublicTimeline -> {
+                       tootReposiatory.fetchPublicTimeline(
+                           maxId = maxId,
+                           onlyMedia = true
+                       )
+                   }
+                   TimelineType.HomeTimeline -> {               ② 
+                       tootRepository.fetchHomeTimeline(
+                           maxId = maxId
+                       )
+                   }
+               }

                tootListSnapshot.addAll(tootListResponse)
                tootList.postValue(tootListSnapshot)

                hasNext = tootListResponse.isNotEmpty()
                isLoading.postValue(false)
            }
        }
```

① コンストラクタで読み込むタイムラインの種類を設定
② タイムラインの種類に応じてRepositoryのメソッドを呼び分ける

　.ui.toot_list.TootListViewModelFactoryを**リスト31.3**のように、コンストラクタにタイムラインの種類を取るように変更します。

○リスト31.3：.ui.toot_list.TootListViewModelFactory

```
    class TootListViewModelFactory(
        private val instanceUrl: String,
        private val username: String,
+       private val timelineType: TimelineType,
        private val coroutineScope: CoroutineScope,
```

```
            private val context: Context
) : ViewModelProvider.Factory {

    override fun <T : ViewModel?> create(modelClass: Class<T>): T {
        return TootListViewModel(
                instanceUrl,
                username,
+               timelineType,
                coroutineScope,
                context.applicationContext as Application
        ) as T
    }
}
```

Fragmentのパラメーターを定義

.ui.toot_list.TootListFragment をリスト31.4のように変更します。

○リスト31.4：.ui.toot_list.TootListFragment

```
class TootListFragment : Fragment(R.layout.fragment_toot_list),
    TootListAdapter.Callback {

    companion object {
        val TAG = TootListFragment::class.java.simpleName

+       private const val BUNDLE_KEY_TIMELINE_TYPE_ORDINAL = "timeline_type_
        ordinal"      ①

+       @JvmStatic
+       fun newInstance(timelineType: TimelineType): TootListFragment {
+           val args = Bundle().apply {
+               putInt(BUNDLE_KEY_TIMELINE_TYPE_ORDINAL, timelineType.ordinal)      ②
+           }
+           return TootListFragment().apply {
+               arguments = args
+           }
+       }
    }

    private var binding: FragmentTootListBinding? = null

    private lateinit var adapter: TootListAdapter
    private lateinit var layoutManager: LinearLayoutManager

+   private var timelineType = TimelineType.PublicTimeline

+   override fun onCreate(savedInstanceState: Bundle?) {
+       super.onCreate(savedInstanceState)
+
```

```
+          requireArguments().also {
+              val typeOrdinal = it.getInt(
+                  BUNDLE_KEY_TIMELINE_TYPE_ORDINAL,
+                  TimelineType.PublicTimeline.ordinal
+              )
+              timelineType = TimelineType.values()[typeOrdinal]      ④
+          }
       }

       private val viewModel: TootListViewModel by viewModels {
           TootListViewModelFactory(
               BuildConfig.INSTANCE_URL,
               BuildConfig.USERNAME,
+              timelineType,        ⑤
               lifecycleScope,
               requireContext()
           )
       }
```

① Bundleオブジェクトに値を出し入れする時に使うキーを定義
② 列挙型におけるordinal（順序・インデックス）をInt型で入れる
③ Bundleオブジェクトからタイムラインの種類を列挙型のordinalとして取り出す
④ 列挙型の値をプロパティに設定
⑤ ViewModelFactoryのインスタンス生成時にタイムラインの種類を設定

Fragmentにパラメーターを設定

.ui.MainActivity リスト31.4のように変更します。

○リスト31.5：.ui.MainActivity

```
   import io.keiji.sample.mastodonclient.databinding.ActivityMainBinding
+  import io.keiji.sample.mastodonclient.ui.toot_list.TimelineType
   import io.keiji.sample.mastodonclient.ui.toot_list.TootListFragment

   class MainActivity : AppCompatActivity() {

       override fun onCreate(savedInstanceState: Bundle?) {
           super.onCreate(savedInstanceState)
           val binding: ActivityMainBinding =
               DataBindingUtil.setContentView(this, R.layout.activity_main)

           binding.bottomNavigation.setOnNavigationItemSelectedListener {
               val fragment = when (it.itemId) {
-                  R.id.menu_home -> TootListFragment()
-                  R.id.menu_public -> TootListFragment()
+                  R.id.menu_home -> {
```

```
+                              TootListFragment.newInstance(TimelineType.HomeTimeline)    ①
+                          }
+                      R.id.menu_public -> {
+                          TootListFragment.newInstance(TimelineType.PublicTimeline)
+                          }
                  else -> null
              }
          fragment ?: return@setOnNavigationItemSelectedListener false

          supportFragmentManager.beginTransaction()
              .replace(
                  R.id.fragment_container,
                  fragment,
                  TootListFragment.TAG
              )
              .commit()

          return@setOnNavigationItemSelectedListener true
      }

      if (savedInstanceState == null) {
-         val fragment = TootListFragment()
+         val fragment = TootListFragment.newInstance(
+             TimelineType.HomeTimeline                                                    ②
+         )
          supportFragmentManager.beginTransaction()
              .add(
                  R.id.fragment_container,
                  fragment,
                  TootListFragment.TAG
              )
              .commit()
      }
  }
}
```

① 直接インスタンス化せず、newInstance にタイムラインの種類を指定
② 初期状態で表示する Fragment はホームタイムラインとする

実 行　アプリを実行すると、下に BottomNavigation が表示されます。Home と Public のメニューをタップすると、それぞれ「ホームタイムライン」と「公開タイムライン」が表示されます。

196

Step 32 Activityを表示する（画面遷移）

　これまでTootの詳細画面をMainActivityからFragmentとして表示していました。その後、BottomNavigationを追加したことで、詳細画面の下にもBottomNavigationLayoutが表示されています（図32.1）。

　TootDetailFragmentを表示していたのを、TootDetailActivityを追加してActivityの遷移に切り替えます。TootDetailActivityの追加は、次の手順で行います。

・ レイアウトXMLの作成
・ Activityの作成
・ AndroidManifest.xmlにActivityを追加（登録）
・ Activityの表示

○リスト32.6：res/layout/activity_toot_detail.xml

```xml
<?xml version="1.0" encoding="utf-8"?>
<androidx.fragment.app.FragmentContainerView    ①
    xmlns:android="http://schemas.android.com/apk/res/android"
    android:id="@+id/fragment_container"
    android:layout_width="match_parent"
    android:layout_height="match_parent" />
```

レイアウトファイルの作成

　Activityが表示するレイアウトファイルを作成します。activity_toot_detail.xmlを作成して**リスト32.6**のようにします。

Activityの作成

　パッケージ.ui.toot_detailにクラスTootDetailActivityを作成して**リスト32.7**のようにします。

○図32.1：

○リスト 32.7：.ui.toot_detail.TootDetailActivity

```kotlin
package io.keiji.sample.mastodonclient.ui.toot_detail

import android.content.Context
import android.content.Intent
import android.os.Bundle
import androidx.appcompat.app.AppCompatActivity
import io.keiji.sample.mastodonclient.R
import io.keiji.sample.mastodonclient.entity.Toot
import io.keiji.sample.mastodonclient.ui.toot_list.TootListFragment

class TootDetailActivity : AppCompatActivity() {

    companion object {
        private const val KEY_TOOT = "key_toot"

        @JvmStatic
        fun newIntent(context: Context, toot: Toot): Intent {
            return Intent(context, TootDetailActivity::class.java).apply {
                putExtra(KEY_TOOT, toot)          ③
            }
        }
    }

    override fun onCreate(savedInstanceState: Bundle?) {
        super.onCreate(savedInstanceState)
        setContentView(R.layout.activity_toot_detail)

        val toot = intent?.getParcelableExtra<Toot>(KEY_TOOT) ?: return   ④

        if (savedInstanceState == null) {
            val fragment = TootDetailFragment.newInstance(toot)
            supportFragmentManager.beginTransaction()
                .add(
                        R.id.fragment_container,
                        fragment,
                        TootListFragment.TAG
                )
                .commit()
        }
    }

}
```

① Activity の起動をするには Intent のインスタンスが必要
② 起動する Activity の Class オブジェクトを指定して Intent のインスタンスを生成
③ Intent オブジェクトに Toot オブジェクトを Parcelable として入れる
④ Intent に入れた Toot オブジェクトを取り出す。null であれば処理を抜ける（return する）
⑤ TootDetailFragment を表示

AndroidManifest.xmlにActivityを追加（登録）

Activityは、Androidのシステムコンポーネントです。

アプリケーションに含まれるシステムコンポーネントは、すべてAndroidManifest.xmlに登録している必要があります。AndroidManifest.xmlに登録していないと、システムは呼び出しのIntentを受け取っても呼び出すことができません。

AndroidManifest.xmlを**リスト32.8**のように変更します。

○リスト32.8：app/src/main/AndroidManifest.xml

```
    <application
        android:allowBackup="true"
        android:icon="@mipmap/ic_launcher"
        android:label="@string/app_name"
        android:roundIcon="@mipmap/ic_launcher_round"
        android:supportsRtl="true"
        android:theme="@style/AppTheme">
        <activity android:name=".ui.MainActivity">
            <!-- 省略 -->
        </activity>
+       <activity android:name=".ui.toot_detail.TootDetailActivity" />
    </application>
```

Activityの表示

.ui.toot_list.TootListFragmentを**リスト32.9**のように変更します。

○リスト32.9：.ui.toot_list.TootListFragment

```
    import io.keiji.sample.mastodonclient.entity.Toot
-       import io.keiji.sample.mastodonclient.ui.toot_detail.TootDetailFragment
+       import io.keiji.sample.mastodonclient.ui.toot_detail.TootDetailActivity

    class TootListFragment : Fragment(R.layout.fragment_toot_list),
        TootListAdapter.Callback {

        // 省略

        override fun openDetail(toot: Toot) {
-           val fragment = TootDetailFragment.newInstance(toot)
-           parentFragmentManager.beginTransaction()
-               .replace(R.id.fragment_container, fragment)
-               .addToBackStack(TootDetailFragment.TAG)
-               .commit()
+           val intent = TootDetailActivity.newIntent(requireContext(), toot)    ①
+           startActivity(intent)    ②
        }
```

① Intentオブジェクトを生成（Tootが設定済み）

② Activityの起動

Tips 「明示的インテント」と「暗黙的インテント」とは

Activityは、画面への描画やユーザーインターフェースを担当するAndroidのシステムコンポーネントの1つです。

startActivityは、AndroidのシステムにActivityの起動を要求する操作で、Androidのシステムは、Intentに応じて対応するActivityを起動します。

Classオブジェクトのように、起動するActivityクラスが明示されたIntentを「明示的（Explicit）インテント」と言います。反対に、Activityを明示せず、要求する操作とデータのみ指定したIntentを「暗黙的（Implicit）インテント」と言います。

暗黙的インテントの例として、**リスト32.10**のIntentを使ってActivityを起動します。

○リスト32.10：暗黙的インテントの例

```kotlin
val intent = Intent(
    Intent.ACTION_VIEW,
    Uri.parse("geo:34.6960576,135.5126556")
)
startActivity(intent)
```

このコードを実行すると、Google Mapが起動して指定した緯度経度の座標が表示されます。

IntentにはGoogle Mapを起動する指定はなく、要求する操作（VIEW）と、データとして緯度経度の地理情報（geo）の指定をしています。にもかかわらずGoogle Mapが起動するのは、Google MapアプリのAndroidManifest.xmlにgeoのIntentを受け取って起動すると記載があるからです。

なお、もし暗黙的Intentを受け取るアプリが複数インストールされていれば、Androidのシステムはどのアプリを起動するかの選択肢を表示します。

このように、明示的・暗黙的インテントを組み合わせることでユーザーは、アプリの境界を意識せずに操作することができます。

データを送信する

本章では、FragmentとActivityの遷移について解説しています。下メニュー（BottomNavigation）、Fragmentの切り替え、インテントによるActivity遷移などを説明します。

Step 33 Toot投稿画面を作成する

Mastodonのタイムラインを表示できたので、次にTootを投稿する機能を作ります。ユーザーが投稿内容を入力できる画面「Toot投稿画面」を作成します。

Toot投稿画面の作成は、次の手順で行います。

- ViewModelとViewModelFactoryの作成
- Fragmentレイアウトの作成
- Fragmentの作成
- Activityレイアウトの作成
- Activityの作成
- AndroidManifest.xmlへの追加

ViewModelとViewModelFactoryの作成

パッケージ.ui.toot_editにクラスTootEditViewModelとTootEditViewModelFactoryを作成して、それぞれ**リスト33.1**、**リスト33.2**のようにします。このようにViewModelを作るときは、対応するViewModelFactoryを同時に作ります。

○リスト33.1：.ui.toot_edit.TootEditViewModel

```
package io.keiji.sample.mastodonclient.ui.toot_edit

import android.app.Application
import androidx.lifecycle.AndroidViewModel
import androidx.lifecycle.MutableLiveData
import kotlinx.coroutines.CoroutineScope

class TootEditViewModel(
        private val instanceUrl: String,
        private val username: String,
        private val coroutineScope: CoroutineScope,
        application: Application
) : AndroidViewModel(application) {

    val status = MutableLiveData<String>()      ①

}
```

① 投稿内容のLiveDataを保持

◯リスト33.2：.ui.toot_edit.TootEditViewModelFactory

```
package io.keiji.sample.mastodonclient.ui.toot_edit

import android.app.Application
import android.content.Context
import androidx.lifecycle.ViewModel
import androidx.lifecycle.ViewModelProvider
import kotlinx.coroutines.CoroutineScope

class TootEditViewModelFactory(
        private val instanceUrl: String,
        private val username: String,
        private val coroutineScope: CoroutineScope,
        private val context: Context
        ) : ViewModelProvider.Factory {
    override fun <T : ViewModel?> create(modelClass: Class<T>): T {
        return TootEditViewModel(
                instanceUrl,
                username,
                coroutineScope,
                context.applicationContext as Application
        ) as T
    }
}
```

Fragment レイアウトの作成

レイアウトファイル fragment_toot_edit.xml を作成して、**リスト33.3**のようにします。

◯リスト33.3：res/layout/fragment_toot_edit.xml

```
<?xml version="1.0" encoding="utf-8"?>
<layout xmlns:android="http://schemas.android.com/apk/res/android"
    xmlns:app="http://schemas.android.com/apk/res-auto">

    <data>

        <variable
            name="viewModel"                                              ①
            type="io.keiji.sample.mastodonclient.ui.toot_edit.TootEditViewModel" />
    </data>

    <androidx.constraintlayout.widget.ConstraintLayout
        android:layout_width="match_parent"
        android:layout_height="match_parent">

        <com.google.android.material.textfield.TextInputEditText          ②
            android:id="@+id/status"
            android:layout_width="match_parent"
            android:layout_height="match_parent"
            android:hint="いまなにをしていますか"
            android:text="@={viewModel.status}"                           ③
            app:layout_constraintBottom_toBottomOf="parent"
            app:layout_constraintEnd_toEndOf="parent"
```

```
                    app:layout_constraintStart_toStartOf="parent"
                    app:layout_constraintTop_toTopOf="parent" />        ②

    </androidx.constraintlayout.widget.ConstraintLayout>
</layout>
```

① レイアウトにクラス TootEditViewModel を結びつけて、viewModel という名前で参照
② テキスト入力欄
③「双方向データバインディング」を指定

このレイアウトをデザインビューで見ると**図33.1**のようになります。

◯図33.1：

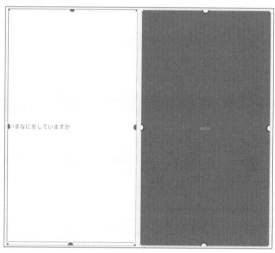

 <双方向データバインディング>
　TextInputEditTextのandroid:text属性に指定している`@={viewModel.`
`status}`は、「双方向データバインディング」の指定です。
　これまでの「一方向データバインディング」は、Viewに表示する内容をオブジェクトの値を指定していました。双方向データバインディングは、表示に加えて、あるViewの状態がオブジェクトに反映されます。たとえばテキスト入力領域であるTextInputEditTextにユーザーが文字列を入力すると、同時にviewModel.statusの値が書き換わります。

Fragmentの作成

　パッケージ.ui.toot_editにクラス TootEditFragment を作成して、**リスト33.4**のようにします。

○リスト 33.4：.ui.toot_edit.TootEditFragment

```
package io.keiji.sample.mastodonclient.ui.toot_edit

import android.os.Bundle
import android.view.View
import androidx.databinding.DataBindingUtil
import androidx.fragment.app.Fragment
import androidx.fragment.app.viewModels
import androidx.lifecycle.lifecycleScope
import io.keiji.sample.mastodonclient.BuildConfig
import io.keiji.sample.mastodonclient.R
import io.keiji.sample.mastodonclient.databinding.FragmentTootEditBinding

class TootEditFragment : Fragment(R.layout.fragment_toot_edit) {

    companion object {
        val TAG = TootEditFragment::class.java.simpleName

        fun newInstance(): TootEditFragment {
            return TootEditFragment()                    ①
        }
    }

    private var binding: FragmentTootEditBinding? = null

    private val viewModel: TootEditViewModel by viewModels {
        TootEditViewModelFactory(
                BuildConfig.INSTANCE_URL,
                BuildConfig.USERNAME,
                lifecycleScope,
                requireContext()
        )
    }

    override fun onViewCreated(view: View, savedInstanceState: Bundle?) {
        super.onViewCreated(view, savedInstanceState)

        val bindingData: FragmentTootEditBinding? = DataBindingUtil.bind(view)
        binding = bindingData ?: return

        bindingData.lifecycleOwner = viewLifecycleOwner     ②
        bindingData.viewModel = viewModel           ③
    }

    override fun onDestroyView() {
        super.onDestroyView()

        binding?.unbind()
    }
}
```

① Fragment のインスタンス生成用メソッド

② LifecycleOwner に View 用の LifecycleOwner を指定。LiveData を DataBinding と組み合わせるために必要

③ DataBinding オブジェクトに viewModel を結びつける

Activityレイアウトの作成

レイアウトファイルactivity_toot_edit.xmlを作成して、**リスト33.5**のようにします。

○リスト33.5：res/layout/activity_toot_edit.xml

```xml
<?xml version="1.0" encoding="utf-8"?>
<androidx.fragment.app.FragmentContainerView
    xmlns:android="http://schemas.android.com/apk/res/android"
    xmlns:app="http://schemas.android.com/apk/res-auto"
    android:id="@+id/fragment_container"
    android:layout_width="match_parent"
    android:layout_height="match_parent" />
```

Activityの作成

パッケージ.ui.toot_editにクラスTootEditActivityを作成して、**リスト33.6**のようにします。

○リスト33.6：.ui.toot_edit.TootEditActivity

```kotlin
package io.keiji.sample.mastodonclient.ui.toot_edit

import android.content.Context
import android.content.Intent
import android.os.Bundle
import androidx.appcompat.app.AppCompatActivity
import io.keiji.sample.mastodonclient.R

class TootEditActivity : AppCompatActivity() {

    companion object {
        val TAG = TootEditActivity::class.java.simpleName

        fun newIntent(context: Context): Intent {
            return Intent(context, TootEditActivity::class.java)
        }
    }

    override fun onCreate(savedInstanceState: Bundle?) {
        super.onCreate(savedInstanceState)
        setContentView(R.layout.activity_toot_edit)

        if (savedInstanceState == null) {
            val fragment = TootEditFragment.newInstance()
            supportFragmentManager.beginTransaction()
                    .replace(R.id.fragment_container, fragment, TootEditFragment.TAG)  ①
                    .commit()
        }
    }
}
```

① TootEditFragment を表示

AndroidManifest.xmlにActivityを追加（登録）

AndroidManifest.xmlを、**リスト33.7**のように変更します。

○リスト33.7：app/src/main/AndroidManifest.xml

```
        <activity android:name=".ui.toot_detail.TootDetailActivity" />
+       <activity android:name=".ui.toot_edit.TootEditActivity" />
    </application>
```

 Step 34　投稿画面を表示する

　Toot投稿画面は作成しましたが、今の時点では画面を呼び出す経路が ○図34.1：
ありません。TootListFragmentに、Toot投稿画面を呼び出すボタンを追
加します。

　Toot投稿画面の表示は、次の手順で行います。

※comment
(white, 18dp)。
実際には白色を
している

・ レイアウトの変更
・ Toot投稿画面の呼び出し

レイアウトの変更

　レイアウトに「FAB（Floating Action Button）」を追加します。FABは、Material
Designのコンポーネントの1つです[注1]。すでに利用しているライブラリ「Material
Components for Android」に含まれています。

　FABに設定するアイコン（**図34.1**）をMaterial Designのサイトから取得して、res/
drawable-xxxhdpiディレクトリに配置します。

　レイアウトfragment_toot_list.xmlを、**リスト34.1**のように変更します。

○リスト34.1：res/layout/fragment_toot_list.xml

```
    <?xml version="1.0" encoding="utf-8"?>
    <layout xmlns:android="http://schemas.android.com/apk/res/android"
+       xmlns:app="http://schemas.android.com/apk/res-auto"
        xmlns:tools="http://schemas.android.com/tools">

        <androidx.constraintlayout.widget.ConstraintLayout
            android:layout_width="match_parent"
            android:layout_height="match_parent">

            <androidx.swiperefreshlayout.widget.SwipeRefreshLayout
```

注1　🔗 https://material.io/components/buttons-floating-action-button/

```
            android:id="@+id/swipe_refresh_layout"
            android:layout_width="match_parent"
            android:layout_height="match_parent">

            <!-- 省略 -->

        </androidx.swiperefreshlayout.widget.SwipeRefreshLayout>
+           <com.google.android.material.floatingactionbutton.FloatingActionButton
+               android:id="@+id/fab"
+               android:layout_width="wrap_content"
+               android:layout_height="wrap_content"
+               android:layout_marginEnd="16dp"
+               android:layout_marginBottom="16dp"
+               android:src="@drawable/baseline_comment_white_18"
+               app:tint="@android:color/white"            ①
+               app:layout_constraintBottom_toBottomOf="parent"
+               app:layout_constraintEnd_toEndOf="@+id/swipe_refresh_layout" />   ②
        </androidx.constraintlayout.widget.ConstraintLayout>
    </layout>
```

① tintにcolor/white（白）を設定。これを忘れるとアイコンが黒く表示される

② FAB(Floating Action Button)を右下端に追加

Toot投稿画面の表示

.ui.toot_list.TootListFragmentをリスト34.2のように変更します。

○リスト34.2：.ui.toot_list.TootListFragment

```
    import io.keiji.sample.mastodonclient.ui.toot_detail.TootDetailFragment
+   import io.keiji.sample.mastodonclient.ui.toot_edit.TootEditActivity

    class TootListFragment : Fragment(R.layout.fragment_toot_list),
        TootListAdapter.Callback {

        // 省略

        override fun onViewCreated(view: View, savedInstanceState: Bundle?) {

            // 省略

            bindingData.swipeRefreshLayout.setOnRefreshListener {
                viewModel.clear()
                viewModel.loadNext()
            }
+           bindingData.fab.setOnClickListener {
+               launchTootEditActivity()              ①
+           }

            viewModel.isLoading.observe(viewLifecycleOwner, Observer {
                binding?.swipeRefreshLayout?.isRefreshing = it
            })

            // 省略
        }
```

```
+        private fun launchTootEditActivity() {
+            val intent = TootEditActivity.newIntent(requireContext())
+            startActivity(intent)
+        }
                                                                    ②
         private fun showAccountInfo(accountInfo: Account) {
             // 省略
         }
```

① FAB をタップしたイベントのリスナー
② Toot 投稿画面の呼び出し

○図34.2：

 アプリを実行すると、右下にFABが表示され、FAB をタップするとToot投稿画面を表示します（図 34.2）。

 Step 35　投稿を実行する

投稿の実行は、次の手順で行います。

・ APIの定義（Tootの投稿）
・ Repositoryの調整
・ ViewModelの調整
・ 投稿の実行

APIの定義（Tootの投稿）

Mastodon APIのToot投稿APIを定義します。Toot投稿APIのドキュメントは、次の URLで確認できます。

URL https://docs.joinmastodon.org/methods/statuses/

.MastodonApiを**リスト35.1**のように変更します。

○リスト35.1：.MastodonApi

```
        import io.keiji.sample.mastodonclient.entity.Toot
+       import retrofit2.http.Field
+       import retrofit2.http.FormUrlEncoded
        import retrofit2.http.GET
        import retrofit2.http.Header
+       import retrofit2.http.POST
        import retrofit2.http.Query

        interface MastodonApi {

            // 省略

            @GET("api/v1/accounts/verify_credentials")
            suspend fun verifyAccountCredential(
                @Header("Authorization") accessToken: String
            ): Account
+           @FormUrlEncoded
+           @POST("api/v1/statuses")
+           suspend fun postToot(
+                   @Header("Authorization") accessToken: String,    ①
+                   @Field("status") status: String
+           ): Toot
        }
```

① Content-Type を「application/x-www-form-urlencoded」として status を POST で送信

　これまでとの違いは、リクエストのメソッドが GET から POST に変わったことです。Query は URL に付加する形でサーバーに渡していましたが、POST はリクエストの本文（Body）に含まれます。

Repositoryの調整

　.repository.TootRepository を**リスト35.2**のように変更します。

○リスト35.2：.repository.TootRepository

```
        import io.keiji.sample.mastodonclient.MastodonApi
+       import io.keiji.sample.mastodonclient.entity.Toot
        import io.keiji.sample.mastodonclient.entity.UserCredential
        // 省略
        import retrofit2.converter.moshi.MoshiConverterFactory

        class TootRepository(
                private val userCredential: UserCredential
        ) {
            // 省略

            suspend fun fetchHomeTimeline(
                maxId: String?
```

```
    ) = withContext(Dispatchers.IO) {
        // 省略
    }

+   suspend fun postToot(
+       status: String
+   ): Toot = withContext(Dispatchers.IO) {
+       return@withContext api.postToot(
+           "Bearer ${userCredential.accessToken}",
+           status
+       )
+   }
}
```

ViewModelの調整

.ui.toot_edit.TootEditViewModelを**リスト35.3**のように変更します。

○リスト35.3：.ui.toot_edit.TootEditViewModel

```
    import androidx.lifecycle.MutableLiveData
+   import io.keiji.sample.mastodonclient.repository.TootRepository
+   import io.keiji.sample.mastodonclient.repository.UserCredentialRepository
    import kotlinx.coroutines.CoroutineScope
+   import kotlinx.coroutines.launch

    class TootEditViewModel(
        private val instanceUrl: String,
        private val username: String,
        private val coroutineScope: CoroutineScope,
        application: Application
    ) : AndroidViewModel(application) {

+       private val userCredentialRepository = UserCredentialRepository(
+           application
+       )

        val status = MutableLiveData<String>()

+       val postComplete = MutableLiveData<Boolean>()       ①
+       val errorMessage = MutableLiveData<String>()        ②

+       fun postToot() {
+           val statusSnapshot = status.value ?: return     ③
+           if (statusSnapshot.isBlank()) {
+               errorMessage.postValue("投稿内容がありません")   ④
+               return
+           }

+           coroutineScope.launch {
+               val credential = userCredentialRepository.find(instanceUrl, username)
+               if (credential == null) {                          ⑤
+                   return@launch
+               }
```

```
 ＼
+                         val tootRepository = TootRepository(credential)
+                         tootRepository.postToot(
+                                 statusSnapshot                          ⑥
+                         )
+                         postComplete.postValue(true)        ⑦
+                 }
+             }
         }
```

① 投稿完了をUIに伝えるLiveData

② エラーメッセージをUIに伝えるLiveData

③ statusがnullの場合、処理を抜ける（returnする）

④ statusがBlank（なにも入力されていない。または入力が半角スペースのみの場合）にエラーの内容をUIに伝えて処理を抜ける（returnする）

⑤ UserCredentialオブジェクトを取得（検索）、UserCredentialが存在しなければ（nullであれば）メソッドを終了する

⑥ Tootの投稿を実行

⑦ 投稿完了をUIに伝える

ActionBarに投稿のインターフェースを追加

アプリのツールバーに投稿を実行するUIを追加します。Material Designのサイトから図35.1のアイコンを取得して、res/drawable-xxxhdpiディレクトリに配置します。

メニューリソース（res/menu）にtoot_edit.xmlを作成して**リスト35.4**のようにします。

○図35.1：

※send（white、18dp）。
実際には白色をしている

投稿の実行

.ui.toot_edit.TootEditFragmentを**リスト35.5**のように変更します。

○リスト35.4：res/menu/toot_edit.xml

```xml
<?xml version="1.0" encoding="utf-8"?>
<menu xmlns:android="http://schemas.android.com/apk/res/android"
    xmlns:app="http://schemas.android.com/apk/res-auto">
    <item
        android:id="@+id/menu_post"
        android:icon="@drawable/baseline_send_white_18"
        android:title="Post"
        app:showAsAction="always" />        ①
</menu>
```

① アイコンをツールバーの上に常に表示させる指定

○リスト35.5：.ui.toot_edit.TootEditFragment

```
+    import android.content.Context
     import android.os.Bundle
+    import android.view.Menu
+    import android.view.MenuInflater
+    import android.view.MenuItem
     import android.view.View
+    import android.widget.Toast
     import androidx.databinding.DataBindingUtil
     import androidx.fragment.app.Fragment
     import androidx.fragment.app.viewModels
+    import androidx.lifecycle.Observer
     import androidx.lifecycle.lifecycleScope
+    import com.google.android.material.snackbar.Snackbar
     import io.keiji.sample.mastodonclient.BuildConfig
     import io.keiji.sample.mastodonclient.R
     import io.keiji.sample.mastodonclient.databinding.FragmentTootEditBinding

     class TootEditFragment : Fragment(R.layout.fragment_toot_edit) {

         // 省略

         private val viewModel: TootEditViewModel by viewModels {
             TootEditViewModelFactory(
                     BuildConfig.INSTANCE_URL,
                     BuildConfig.USERNAME,
                     lifecycleScope,
                     requireContext()
             )
         }

+        override fun onAttach(context: Context) {
+            super.onAttach(context)
+            setHasOptionsMenu(true)        ①
+        }

         override fun onViewCreated(view: View, savedInstanceState: Bundle?) {
             super.onViewCreated(view, savedInstanceState)

             val bindingData: FragmentTootEditBinding? = DataBindingUtil.bind(view)
             binding = bindingData ?: return
             bindingData.lifecycleOwner = viewLifecycleOwner
             bindingData.viewModel = viewModel

+            viewModel.postComplete.observe(viewLifecycleOwner, Observer {
+                Toast.makeText(requireContext(), "投稿完了しました", Toast.LENGTH_LONG).      ①
                 show()
+            })
+            viewModel.errorMessage.observe(viewLifecycleOwner, Observer {
+                Snackbar.make(view, it, Snackbar.LENGTH_LONG).show()                        ②
+            })
         }

+        override fun onCreateOptionsMenu(menu: Menu, inflater: MenuInflater) {
+            super.onCreateOptionsMenu(menu, inflater)
+            inflater.inflate(R.menu.toot_edit, menu)
```

```
+              }
+
+          override fun onOptionsItemSelected(item: MenuItem): Boolean {
+              return when (item.itemId) {
+                  R.id.menu_post -> {
+                      viewModel.postToot()        ⑤
+                      true
+                  }
+                  else -> super.onOptionsItemSelected(item)      ④
+              }
+          }

        override fun onDestroyView() {
            // 省略
        }
    }
```

① 投稿完了時にToast（画面の中央下付近に一定時間表示する小さなメッセージウィンド
　ウ）を表示
② エラー発生時にSnackbar（画面の下端に表示する帯状のメッセージ領域）を表示
③ ツールバーのメニューを初期化するためのメソッド
④ ツールバー上のメニューが選択された時のイベントを受け取るメソッド
⑤ 投稿処理を実行

実行　アプリを実行して、右下に表示されるFABをタップし
て投稿画面を表示します。投稿内容を入力して右上の
送信ボタンをタップすると、投稿処理が実行されて画
面中央下付近に「投稿完了しました」と表示します（図
35.2）。図35.3は投稿された文字列です。クライアン
ト名に「MastodonClient」と表示されています。

○図35.2：

○図35.3：

```
```

Step 36　投稿処理を作り込む

投稿はできましたが、現状は投稿したあとにToastが表示されるだけです。投稿完了時には前の画面に戻るなど、投稿処理をきちんと整備して、アプリが適切な挙動をするように変更します。

投稿完了でActivityを終了

投稿したあとリロードするには、まず.ui.toot_edit.TootEditFragmentをリスト36.1のように変更します。

○リスト36.1：.ui.toot_edit.TootEditFragment

```
    class TootEditFragment : Fragment(R.layout.fragment_toot_edit) {

        // 省略

        private val viewModel: TootEditViewModel by viewModels {
            // 省略
        }

+       interface Callback {
+           fun onPostComplete()        ①
+       }

+       private var callback: Callback? = null      ②

        override fun onAttach(context: Context) {
            super.onAttach(context)

            setHasOptionsMenu(true)

+           if (context is Callback) {
+               callback = context          ③
+           }
        }

        override fun onViewCreated(view: View, savedInstanceState: Bundle?) {
            super.onViewCreated(view, savedInstanceState)

            val bindingData: FragmentTootEditBinding? = DataBindingUtil.bind(view)
            binding = bindingData ?: return

            viewModel.postComplete.observe(viewLifecycleOwner, Observer {
                Toast.makeText(requireContext(), "投稿完了しました", Toast.LENGTH_LONG).
                    show()
+               callback?.onPostComplete()      ④
            })
            viewModel.errorMessage.observe(viewLifecycleOwner, Observer {
                Snackbar.make(view, it, Snackbar.LENGTH_LONG).show()
            })
        }

        override fun onDestroyView() {
            // 省略
        }
    }
```

① 投稿完了を Actiivty に伝えるコールバック
② コールバックを保持するプロパティ。null の場合がある
③ 表示した Activity が Callback を実装しているか検査してコールバックを保持
④ コールバックを通じて Activity に投稿完了を伝える

　メソッド onAttach の引数 context には、通常は Activity のインスタンスが渡されます。context が Callback を実装しているか検査することは、Fragment を表示している Activity が Callback を実装しているか検査するのと同じです。

　次に、.ui.toot_edit.TootEditActivity を**リスト 36.2** のように変更します。

○リスト 36.2：.ui.toot_edit.TootEditActivity

```
+       import android.app.Activity
        import android.content.Context
        // 省略
-       class TootEditActivity : AppCompatActivity() {
+       class TootEditActivity : AppCompatActivity(),      ┐
+               TootEditFragment.Callback {                ┘ ①
            override fun onCreate(savedInstanceState: Bundle?) {
                // 省略
            }
+           override fun onPostComplete() {          ②
+               setResult(Activity.RESULT_OK)        ③
+               finish()          ④
+           }          ②
        }
```

① TootEditFragment の Callback インターフェースを実装
② 投稿完了時に呼ばれるメソッド
③ Activity の実行結果を OK に設定
④ Activity を終了

投稿完了でタイムラインを再読み込み

　.ui.toot_list.TootListFragment を**リスト 36.3** のように変更します。

○リスト 36.3：.ui.toot_list.TootListFragment

```
+       import android.app.Activity
+       import android.content.Intent
        import android.os.Bundle
        // 省略
        import io.keiji.sample.mastodonclient.ui.toot_edit.TootEditActivity

        class TootListFragment : Fragment(R.layout.fragment_toot_list),
                TootListAdapter.Callback {
```

```
        companion object {
            val TAG = TootListFragment::class.java.simpleName
+           private const val REQUEST_CODE_TOOT_EDIT = 0x01          ①

            private const val BUNDLE_KEY_TIMELINE_TYPE = "timeline_type"

            // 省略
        }

        // 省略

        private fun launchTootEditActivity() {
            val intent = TootEditActivity.newIntent(requireContext())
-           startActivity(intent)                                       ⎫  ②
+           startActivityForResult(intent, REQUEST_CODE_TOOT_EDIT)      ⎭
        }

        private fun showAccountInfo(accountInfo: Account) {
            // 省略
        }

+       override fun onActivityResult(requestCode: Int, resultCode: Int, data:
+       Intent?) {
+           super.onActivityResult(requestCode, resultCode, data)
+
+           if (requestCode == REQUEST_CODE_TOOT_EDIT          ④
+                   && resultCode == Activity.RESULT_OK) {     ⑤        ③
+               viewModel.clear()                          ⎫
+               viewModel.loadNext()                       ⎭ ⑥
+           }
+       }
```

① TootEditActivity からの結果を識別するためのリクエスト
   コードを定義
② Activity の結果（Result）を返す呼び出し方法に変更
③ startActivityForResult で呼び出した Activity が終了したと
   きに呼ばれる
④ requestCode が、Activity の起動時に指定したものと一致
   しているかで、どの Activity からの結果か判定
⑤ 呼び出した Activity 側で設定した resultCode を判定
⑥ 読み込み済みの Toot をすべて消去してから再読み込みす
   る

○図36.1：

入力中の内容にキーボードが被らないようにする

投稿画面でソフトウェアキーボードが開くと、図36.1のよ
うにテキスト領域の一部を隠してしまうのを修正します。
　AndroidManifest.xmlを**リスト36.4**のように変更します。

217

○リスト36.4：app/src/main/AndroidManifest.xml

```
        <activity android:name=".ui.toot_detail.TootDetailActivity" />
-       <activity android:name=".ui.toot_edit.TootEditActivity" />
+       <activity android:name=".ui.toot_edit.TootEditActivity"
+               android:windowSoftInputMode="adjustResize" />    ①
```

① android:windowSoftInputMode に adjustResize を設定

○図36.2：

実行 android:windowSoftInputModeは、ソフトウェアキーボードなどの挙動に関する指定です。adjustResizeに設定すると、ソフトウェアキーボードの領域に被らないようにActivityのサイズが調整されます（図36.2）。

Step 37　投稿を削除する

次は、投稿の削除機能を追加します。投稿の削除は、次の手順で行います。

・APIの定義（Tootの削除）
・Repositoryの調整
・ViewModelの調整
・削除のインターフェースを追加
・削除の実行

APIの定義（Tootの削除）

Mastodon APIのToot削除APIを定義します。.MastodonApiをリスト37.1のように変更します。

○リスト37.1：.MastodonApi

```
    import io.keiji.sample.mastodonclient.entity.Account
    import io.keiji.sample.mastodonclient.entity.Toot
+   import retrofit2.http.DELETE
    import retrofit2.http.Field
    // 省略
    import retrofit2.http.POST
+   import retrofit2.http.Path
    import retrofit2.http.Query

    interface MastodonApi {

        // 省略

        @FormUrlEncoded
        @POST("api/v1/statuses")
        suspend fun postToot(
                @Header("Authorization") accessToken: String,
                @Field("status") status: String
        ): Toot
+       @DELETE("api/v1/statuses/{id}")
+       suspend fun deleteToot(
+               @Header("Authorization") accessToken: String,    ① 
+               @Path("id") id: String
+       )
    }
```

① DELETEメソッドでリクエストする。{id}の部分が引数idで置き換えられる。

Repositoryの調整

.repository.TootRepositoryを**リスト37.2**のように変更します。

○リスト37.2：.repository.TootRepository

```
    suspend fun postToot(
            status: String
    ): Toot = withContext(Dispatchers.IO) {
        return@withContext api.postToot(
                "Bearer ${userCredential.accessToken}",
                status
        )
    }
+   suspend fun delete(id: String) = withContext(Dispatchers.IO) {
+       api.deleteToot(
+               "Bearer ${userCredential.accessToken}",
+               id
+       )
+   }
    }
```

ViewModelの調整

.ui.toot_list.TootListViewModelを**リスト37.3**のように変更します。

○リスト37.3：.ui.toot_list.TootListViewModel

```
    private suspend fun updateAccountInfo() {
        val accountInfoSnapshot = accountInfo.value
            ?: accountRepository.verifyAccountCredential()

        accountInfo.postValue(accountInfoSnapshot)
    }

+    fun delete(toot: Toot) {
+        coroutineScope.launch {
+            tootRepository.delete(toot.id)          ①
+
+            val tootListSnapshot = tootList.value
+            tootListSnapshot?.remove(toot)            ②
+            tootList.postValue(tootListSnapshot)
+        }
+    }
    }
```

① 削除を実行

② 削除したTootオブジェクトをtootListから取り除いて変更があったことを伝える

削除のインターフェースを追加

「ドロップダウンメニュー」は、Material Designのコンポーネントの1つです[注2]。リストから1つの要素を対象に操作を行うUIを提供します。

まず、Material Designのサイトから**37.1**のアイコンを取得して、res/drawable-xxxhdpiディレクトリに配置します。

次に、メニューリソース（res/menu）にlist_item_toot.xmlを作成して、**リスト37.4**のようにします。

○図37.1：

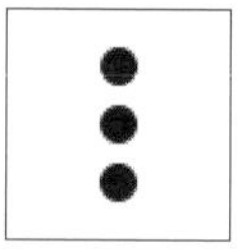

※more_vert（black, 18dp）。

○リスト37.4：res/menu/list_item_toot.xml

```
<?xml version="1.0" encoding="utf-8"?>
<menu xmlns:android="http://schemas.android.com/apk/res/android">

    <item
        android:id="@+id/menu_delete"
        android:title="削除" />
</menu>
```

注2　**URL** https://material.io/components/menus/#dropdown-menu

　ドロップダウンメニューを表示する導線を追加します。レイアウト list_item_toot.xml を
リスト37.5のように変更します。

○リスト37.5：res/layout/list_item_toot.xml

```
      <androidx.constraintlayout.widget.ConstraintLayout
          android:layout_width="match_parent"
          android:layout_height="wrap_content"
          android:layout_marginTop="16dp"
          android:layout_marginBottom="8dp"
          tools:context=".ui.toot_list.TootListFragment">

          <!-- 省略 -->

          <TextView
              android:id="@+id/created_at"
              android:layout_width="wrap_content"
              android:layout_height="wrap_content"
              android:layout_marginEnd="8dp"
              android:text="@{toot.createdAt}"
              app:layout_constraintTop_toTopOf="@+id/user_name"
              app:layout_constraintBottom_toBottomOf="@+id/user_name"
              app:layout_constraintStart_toEndOf="@+id/user_name"
+             app:layout_constraintEnd_toStartOf="@+id/more"          ①
              app:layout_constraintEnd_toEndOf="@+id/content"
              app:layout_constraintHorizontal_bias="1.0"
              tools:text="2019-11-26T23:27:31.000Zt" />

          <!-- 省略 -->

          <androidx.appcompat.widget.AppCompatImageView
              android:id="@+id/image"
              android:layout_width="200dp"
              android:layout_height="wrap_content"
              android:adjustViewBounds="true"
              app:layout_constraintEnd_toEndOf="parent"
              app:layout_constraintStart_toStartOf="parent"
              app:layout_constraintTop_toBottomOf="@+id/content"
              app:media="@{toot.topMedia}"
              tools:src="@mipmap/ic_launcher" />

+         <androidx.appcompat.widget.AppCompatImageView
+             android:id="@+id/more"
+             android:layout_width="wrap_content"
+             android:layout_height="wrap_content"
+             android:layout_marginEnd="8dp"
+             android:clickable="true"
+             android:focusable="true"
+             android:src="@drawable/baseline_more_vert_black_18"
+             app:layout_constraintEnd_toEndOf="parent"          ⎫
+             app:layout_constraintTop_toTopOf="parent" />       ⎬ ②
                                                                 ⎭
      </androidx.constraintlayout.widget.ConstraintLayout>
```

　このレイアウトをデザインビューで見ると**図37.2**のようになります。moreが右端、created_atの左側に配置されています。

○図37.2：

　最後に、コードからドロップダウンメニュー（PopupMenu）を表示します。.ui.toot_list.TootListAdapterを**リスト37.6**のように変更します。

○リスト37.6：.ui.toot_list.TootListAdapter

```
        import android.view.ViewGroup
+       import androidx.appcompat.widget.PopupMenu
        import androidx.databinding.DataBindingUtil
        // 省略
        class TootListAdapter(
            private val layoutInflater: LayoutInflater,
            private val tootList: ArrayList<Toot>,
            private val callback: Callback?
        ) : RecyclerView.Adapter<TootListAdapter.ViewHolder>() {

            // 省略

            class ViewHolder(
                private val binding: ListItemTootBinding,
                private val callback: Callback?
            ) : RecyclerView.ViewHolder(binding.root) {
                fun bind(toot: Toot) {
                    binding.toot = toot
                    binding.root.setOnClickListener {
                        callback?.openDetail(toot)
                    }
+                   binding.more.setOnClickListener {
+                       PopupMenu(itemView.context, it).also { popupMenu ->
+                           popupMenu.menuInflater.inflate(
+                               R.menu.list_item_toot,
+                               popupMenu.menu)
+                       }.show()              ①
+                   }
                }
            }
```

① PopupMenuをインスタンス化してメニューリソースlist_item_tootの内容を表示する

アプリを実行すると、表示される各Tootの右上に
moreアイコンが表示されます。moreアイコンを
タップするとドロップダウンメニューが表示され
ます（図37.3）。

○図37.3：

削除の実行

.ui.toot_list.TootListAdapter を**リスト37.7**のように変更
します。

○リスト37.7：.ui.toot_list.TootListAdapter

```
    interface Callback {
        fun openDetail(toot: Toot)
+       fun delete(toot: Toot)        ①
    }

    // 省略

    class ViewHolder(
        private val binding: ListItemTootBinding,
        private val callback: Callback?
    ) : RecyclerView.ViewHolder(binding.root) {
        fun bind(toot: Toot) {
            binding.toot = toot
            binding.root.setOnClickListener {
                callback?.openDetail(toot)
            }
            binding.more.setOnClickListener {
                PopupMenu(itemView.context, it).also { popupMenu ->
                    popupMenu.menuInflater.inflate(
                        R.menu.list_item_toot,
                        popupMenu.menu)
+                   popupMenu.setOnMenuItemClickListener { menuItem ->
+                       when(menuItem.itemId) {
+                           R.id.menu_delete -> callback?.delete(toot)  ②
+                       }
+                       return@setOnMenuItemClickListener true
+                   }
                }.show()
            }
        }
    }
}
```

① コールバックにdelete を追加
② ドロップダウンメニューから操作を選択したイベントのリスナーを設定
③ Toot オブジェクトを引数としてdelete をコールバック

.ui.toot_list.TootListFragment を**リスト37.8**のように変更します。

○リスト37.8：.ui.toot_list.TootListFragment

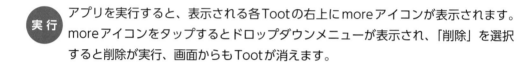

```
        override fun openDetail(toot: Toot) {
            // 省略
        }

+       override fun delete(toot: Toot) {
+           viewModel.delete(toot)      ②
+       }

    }
```

① コールバックを受け取る delete メソッドを実装
② 削除処理を実行

実行　アプリを実行すると、表示される各Tootの右上にmoreアイコンが表示されます。moreアイコンをタップするとドロップダウンメニューが表示され、「削除」を選択すると削除が実行、画面からもTootが消えます。

(OAuth 2.0を実装する)

本章では、OAuth 2.0による認可の実装について解説して
います。クライアント識別情報の取得、WebViewによるロ
グイン画面の作成、認可コードの取得、アクセストークンの
取得、外部ブラウザによるログインについて説明します。

Step 38 必要な情報を準備する

これまではWebから取得した開発者用アクセストークンをアプリに組み込む形で利用していました。アクセストークンをアプリに組み込むと、当然ながら1人のユーザーしか利用できません。

たとえば100人のユーザーがアプリを使おうとすると、それぞれのユーザーにMastodonインスタンスでアプリを登録して、開発者用アクセストークンを取得してもらう必要がありますが、この方法が現実的ではないことは言うまでもありません。

Mastodon APIは、サーバーへのアクセスを認可する仕組みにOAuth 2.0を採用しています。OAuth 2.0は、2012年にRFC[注1]として発行された認可フレームワークです。アプリやサービス（クライアント）にIDやパスワードを共有することなく「アクセストークン」を発行することで、Webサービスのリソースへの限定的なアクセスを可能にします。

クライアント識別情報の取得

アプリからOAuth 2.0を使うには、そのWebサービスのリソースにアクセスするクライアントを登録して識別情報を発行する必要があります。

［開発者用アクセストークンの取得］では開発者用アクセストークンだけに注目していましたが、ここからクライアントの識別情報として「クライアントキー」「クライアントシークレット」を使います（**図38.1**）。またアクセストークンの発行時には「リダイレクトURI」を指定する必要があります（リダイレクトURIは、この時点ではアプリ登録時に入力されている`urn:ietf:wg:oauth:2.0:oob`を使います）。

○図38.1：

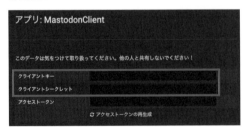

識別情報の格納と読み込み

それぞれの値をinstance.propertiesに追加します（**リスト38.1**）。

注1 **URL** https://openid-foundation-japan.github.io/rfc6749.ja.html

○リスト38.1：instance.properties

```
    instance_url=https://androidbook2020.keiji.io
    username=[ユーザー名]
    access_token=[取得したアクセストークン]
+   client_key=[クライアントキー]
+   client_secret=[クライアントシークレット]
+   client_redirect_uri=[リダイレクトURI]
+   client_scopes=read write        ①
```

① アクセスを要求するリソースの範囲（スコープと呼ばれる）

次に、build.gradle に追加して、定数として扱えるようにします（リスト38.2）。

○リスト38.2：app/build.gradle

```
    def prop = new Properties()
    prop.load(project.rootProject.file('instance.properties').
    newDataInputStream())
    def INSTANCE_URL = prop.getProperty("instance_url") ?: "
    def USERNAME = prop.getProperty("username") ?: "
    def ACCESS_TOKEN = prop.getProperty("access_token") ?: "
+   def CLIENT_KEY = prop.getProperty("client_key") ?: "
+   def CLIENT_SECRET = prop.getProperty("client_secret") ?: "
+   def CLIENT_SCOPES = prop.getProperty("client_scopes") ?: "
+   def CLIENT_REDIRECT_URI = prop.getProperty("client_redirect_uri") ?: "

    buildConfigField("String", "INSTANCE_URL", "\"${INSTANCE_URL}\"")
    buildConfigField("String", "USERNAME", "\"${USERNAME}\"")
    buildConfigField("String", "ACCESS_TOKEN", "\"${ACCESS_TOKEN}\"")
+   buildConfigField("String", "CLIENT_KEY", "\"${CLIENT_KEY}\"")
+   buildConfigField("String", "CLIENT_SECRET", "\"${CLIENT_SECRET}\"")
+   buildConfigField("String", "CLIENT_SCOPES", "\"${CLIENT_SCOPES}\"")
+   buildConfigField("String", "CLIENT_REDIRECT_URI", "\"${CLIENT_REDIRECT_URI}\"")
    }
```

Step 39 ログイン画面を作成する

ログイン画面の作成は、次の手順で行います。

・ Fragment レイアウトの作成
・ ViewModel と ViewModelFactory の作成
・ Fragment の作成
・ Activity の作成
・ AndroidManifest.xml に Activity を追加（登録）
・ ログイン画面の表示

Fragment レイアウトの作成

fragment_login.xmlを作成して、**リスト39.1**のようにします。

○リスト39.1：res/layout/fragment_login.xml

```
<?xml version="1.0" encoding="utf-8"?>
<layout xmlns:android="http://schemas.android.com/apk/res/android">

    <androidx.constraintlayout.widget.ConstraintLayout
        android:layout_width="match_parent"
        android:layout_height="match_parent">

    </androidx.constraintlayout.widget.ConstraintLayout>
</layout>
```

ViewModel と ViewModelFactory の作成

パッケージ.ui.loginにクラスLoginViewModelとクラスLoginViewModel
Factoryを作成して、それぞれ**リスト39.2**、**リスト39.3**のようにします。

○リスト39.2：.ui.login.LoginViewModel

```
package io.keiji.sample.mastodonclient.ui.login

import android.app.Application
import android.text.Editable
import androidx.lifecycle.AndroidViewModel
import androidx.lifecycle.MutableLiveData
import io.keiji.sample.mastodonclient.repository.TootRepository
import io.keiji.sample.mastodonclient.repository.UserCredentialRepository
import kotlinx.coroutines.CoroutineScope
import kotlinx.coroutines.launch

class LoginViewModel(
        private val instanceUrl: String,
        private val coroutineScope: CoroutineScope,
        application: Application
) : AndroidViewModel(application) {
}
```

○リスト39.3：.ui.login.LoginViewModelFactory

```
package io.keiji.sample.mastodonclient.ui.login

import android.app.Application
import android.content.Context
import androidx.lifecycle.ViewModel
import androidx.lifecycle.ViewModelProvider
import kotlinx.coroutines.CoroutineScope

class LoginViewModelFactory(
        private val instanceUrl: String,
```

```
        private val coroutineScope: CoroutineScope,
        private val context: Context
        ) : ViewModelProvider.Factory {
    override fun <T : ViewModel?> create(modelClass: Class<T>): T {
        return LoginViewModel(
                instanceUrl,
                coroutineScope,
                context.applicationContext as Application
        ) as T
    }
}
```

Fragmentの作成

パッケージ`.ui.login`にクラス`LoginFragment`を作成して、リスト39.4のようにします。

○リスト39.4：.ui.login.LoginFragment

```
package io.keiji.sample.mastodonclient.ui.login

import android.os.Bundle
import android.view.View
import androidx.databinding.DataBindingUtil
import androidx.fragment.app.Fragment
import androidx.fragment.app.viewModels
import androidx.lifecycle.lifecycleScope
import io.keiji.sample.mastodonclient.BuildConfig
import io.keiji.sample.mastodonclient.R
import io.keiji.sample.mastodonclient.databinding.FragmentLoginBinding

class LoginFragment : Fragment(R.layout.fragment_login) {

    companion object {
        val TAG = LoginFragment::class.java.simpleName
    }

    private var binding: FragmentLoginBinding? = null

    private val viewModel: LoginViewModel by viewModels {
        LoginViewModelFactory(
                BuildConfig.INSTANCE_URL,
                lifecycleScope,
                requireContext()
        )
    }

    override fun onViewCreated(view: View, savedInstanceState: Bundle?) {
        super.onViewCreated(view, savedInstanceState)

        val bindingData: FragmentLoginBinding? = DataBindingUtil.bind(view)
        binding = bindingData ?: return
    }

}
```

Activity レイアウトの作成

レイアウト activity_login.xml を作成して、**リスト39.5**のようにします。

○リスト39.5：res/layout/activity_login.xml

```xml
<?xml version="1.0" encoding="utf-8"?>
<androidx.fragment.app.FragmentContainerView
    xmlns:android="http://schemas.android.com/apk/res/android"
    android:id="@+id/fragment_container"
    android:layout_width="match_parent"
    android:layout_height="match_parent" />
```

Activity の作成

パッケージ .ui.login にクラス LoginActivity を作成して、**リスト39.6**のようにします。

○リスト39.6：.ui.login.LoginActivity

```kotlin
package io.keiji.sample.mastodonclient.ui.login

import android.os.Bundle
import androidx.appcompat.app.AppCompatActivity
import io.keiji.sample.mastodonclient.R

class LoginActivity : AppCompatActivity(R.layout.activity_login) {

    override fun onCreate(savedInstanceState: Bundle?) {
        super.onCreate(savedInstanceState)

        if (savedInstanceState == null) {
            val fragment = LoginFragment()
            supportFragmentManager.beginTransaction()
                .replace(R.id.fragment_container, fragment, LoginFragment.TAG)
                .commit()
        }
    }
}
```

AndroidManifest.xmlにActivityを追加（登録）

作成したLoginActivityをAndroidManifest.xmlに追加します。AndroidManifest.xmlをリスト39.7のように変更します。

○リスト39.7：app/src/main/AndroidManifest.xml

```
            <activity android:name=".ui.toot_edit.TootEditActivity"
                android:windowSoftInputMode="adjustResize" />
+           <activity android:name=".ui.login.LoginActivity"
+               android:windowSoftInputMode="adjustResize" />
        </application>
```

ログイン画面の表示

ログイン画面を表示する経路を作成します。

現在、UserCredentialRepositoryのfindメソッドでは固定値を返しています。最終的にはアプリで取得したアクセストークンを含むUserCredentialに置き換えることになります。

まずはじめに、UserCredentialがない場合のフローを実装するため、findメソッドから常にnullを返すように変更します。

.repository.UserCredentialRepositoryをリスト39.8のように変更します。

○リスト39.8：.repository.UserCredentialRepository

```
    class UserCredentialRepository(
        private val application: Application
    ) {

        suspend fun find(
            instanceUrl: String,
            username: String
        ): UserCredential? = withContext(Dispatchers.IO) {

-           return@withContext UserCredential(
-                   BuildConfig.INSTANCE_URL,
-                   BuildConfig.USERNAME,
-                   BuildConfig.ACCESS_TOKEN
-               )
+           return@withContext null          ①
        }

    }
```

① 常にnullを返す

.ui.toot_list.TootListViewModel] を**リスト 39.9** のように変更します。

○リスト 39.9：.ui.toot_list.TootListViewModel

```
+      val loginRequired = MutableLiveData<Boolean>()      ①

       val isLoading = MutableLiveData<Boolean>()
       var hasNext = true

       val accountInfo = MutableLiveData<Account>()
       val tootList = MutableLiveData<ArrayList<Toot>>()

       @OnLifecycleEvent(Lifecycle.Event.ON_CREATE)
       fun onCreate() {
           coroutineScope.launch {
-              userCredential = userCredentialRepository
-                  .find(instanceUrl, username) ?: return@launch
-              tootRepository = TootRepository(userCredential)
-              accountRepository = AccountRepository(userCredential)
+              val credential = userCredentialRepository
+                  .find(instanceUrl, username)                  ②
+              if (credential == null) {
+                  loginRequired.postValue(true)
+                  return@launch                                 ③
+              }
+              tootRepository = TootRepository(credential)
+              accountRepository = AccountRepository(credential)
+              userCredential = credential

               loadNext()
           }
       }
```

① 認可情報がないことを UI に伝える LiveData
② 認可情報を取得
③ 認可情報がなければ LiveData を経由して UI に伝えて、処理を抜ける（return する）

　認可の情報がないときにログイン Activity を呼び出します。.ui.toot_list.TootListFragment を**リスト 39.10** のように変更します。

○リスト 39.10：.ui.toot_list.TootListFragment

```
     import io.keiji.sample.mastodonclient.entity.Toot
+    import io.keiji.sample.mastodonclient.ui.login.LoginActivity
     import io.keiji.sample.mastodonclient.ui.toot_detail.TootDetailFragment
     import io.keiji.sample.mastodonclient.ui.toot_edit.TootEditActivity

     class TootListFragment : Fragment(R.layout.fragment_toot_list),
         TootListAdapter.Callback {

         companion object {
             val TAG = TootListFragment::class.java.simpleName

             private const val BUNDLE_KEY_TIMELINE_TYPE_ORDINAL = "timeline_type_ordinal"
```

```
                private const val REQUEST_CODE_TOOT_EDIT = 0x01
+               private const val REQUEST_CODE_LOGIN = 0x02

                @JvmStatic
                fun newInstance(timelineType: TimelineType): TootListFragment {
                    // 省略
                }
            }
v           override fun onViewCreated(view: View, savedInstanceState: Bundle?) {

                // 省略

                bindingData.fab.setOnClickListener {
                    launchTootEditActivity()
                }

                viewModel.loginRequired.observe(viewLifecycleOwner, Observer {
+                   if (it) {
+                       launchLoginActivity()                              ①
+                   }
+               })
                viewModel.isLoading.observe(viewLifecycleOwner, Observer {
                    binding?.swipeRefreshLayout?.isRefreshing = it
                })

                // 省略

            }

+           private fun launchLoginActivity() {
+               val intent = Intent(requireContext(), LoginActivity::class.java)
+               startActivityForResult(intent, REQUEST_CODE_LOGIN)
+           }

            private fun launchTootEditActivity() {
                val intent = TootEditActivity.newIntent(requireContext())
                startActivityForResult(intent, REQUEST_CODE_TOOT_EDIT)
            }
```

① ログインが必要なときにLoginActivityを呼び出す

　投稿編集画面についても、同様にログインが必要な状態を追加します。.ui.toot_edit.
TootEditViewModelを**リスト39.11**のように変更します。

○リスト39.11：.ui.toot_edit.TootEditViewModel

```
    val status = MutableLiveData<String>()

+   val loginRequired = MutableLiveData<Boolean>()

    val postComplete = MutableLiveData<Boolean>()
    val errorMessage = MutableLiveData<String>()

    fun postToot(status: Editable?) {
        if (status == null || status.isBlank()) {
            errorMessage.postValue("投稿内容がありません")
            return
```

```
            }

        coroutineScope.launch {
            val credential = userCredentialRepository.find(instanceUrl, username)
            if (credential == null) {
                loginRequired.postValue(true)
                return@launch
            }

            val tootRepository = TootRepository(credential)
            tootRepository.postToot(
                    statusSnapshot
            )
            postComplete.postValue(true)
        }
    }
```

.ui.toot_edit.TootEditFragment をリスト 39.12 のように変更します。

○リスト 39.12：.ui.toot_edit.TootEditFragment

```
    import android.content.Context
    import android.content.Intent
    import android.os.Bundle
    // 省略
    import io.keiji.sample.mastodonclient.databinding.FragmentTootEditBinding
    import io.keiji.sample.mastodonclient.ui.login.LoginActivity

    class TootEditFragment : Fragment(R.layout.fragment_toot_edit) {

        companion object {
            val TAG = TootEditFragment::class.java.simpleName
            private const val REQUEST_CODE_LOGIN = 0x01

            fun newInstance(): TootEditFragment {
                return TootEditFragment()
            }
        }

        // 省略

        override fun onViewCreated(view: View, savedInstanceState: Bundle?) {

            // 省略

            bindingData.lifecycleOwner = viewLifecycleOwner
            bindingData.viewModel = viewModel

            viewModel.loginRequired.observe(viewLifecycleOwner, Observer {
                if (it) {
                    launchLoginActivity()
                }
            })
            viewModel.postComplete.observe(viewLifecycleOwner, Observer {
                Toast.makeText(requireContext(), "投稿完了しました", Toast.LENGTH_LONG).
                show()
                callback?.onPostComplete()
            })
```

```
            viewModel.errorMessage.observe(viewLifecycleOwner, Observer {
                Snackbar.make(view, it, Snackbar.LENGTH_LONG).show()
            })
        }

+       private fun launchLoginActivity() {
+           val intent = Intent(requireContext(), LoginActivity::class.java)
+           startActivityForResult(intent, REQUEST_CODE_LOGIN)
+       }

        override fun onDestroyView() {
            super.onDestroyView()

            binding?.unbind()
        }
```

Step 40 認可コードを取得する

　現状のログイン画面は空白のFragmentが表示されるだけです。ここにログイン画面を実装していくことになりますが、ユーザー名とパスワードを入力するログイン画面を作るわけではありません。

　繰り返しになりますが、Mastodon APIは「OAuth 2.0」を採用しています。また、Mastodon APIは、OAuth 2.0の中でも「Authorization Code Grant」に対応しています。「Authorization Code Grant」を使うと、ユーザーは、アプリやサービス（クライアント）にIDやパスワードを共有することなく[注2]、アプリやサービス（クライアント）に、Webサービスのリソースへの限定的なアクセスを認可できます。

　「Authorization Code Grant」でアクセストークンを取得する前段階として、アプリ内ブラウザ（WebView）によるログインと、認可コードの取得を実装します。

　アプリ内ブラウザ（WebView）によるログインと認可コードの取得は、次の手順で行います。

・WebViewによるログイン画面の表示
・認可コードの取得
・URLから認可コードを取得

注2　OAuth 2.0ではユーザー名（ID）とパスワードを送信してアクセストークンを得る「Password Grant Type」と呼ばれる方式も存在します。Password Grant Typeは、一般的に自社で開発しているWebサービスの専用クライアントなどで採用されることがあります。

WebViewによるログイン画面の表示

まずはじめに、LoginFragmentのレイアウトにWebViewを追加します。fragment_login.xmlを、**リスト40.1**のように変更します。

○リスト 40.1：res/layout/fragment_login.xml

```
<?xml version="1.0" encoding="utf-8"?>
<layout xmlns:android="http://schemas.android.com/apk/res/android">

    <androidx.constraintlayout.widget.ConstraintLayout
        android:layout_width="match_parent"
        android:layout_height="match_parent">

+       <WebView
+           android:id="@+id/webview"
+           android:layout_width="match_parent"
+           android:layout_height="match_parent" />

    </androidx.constraintlayout.widget.ConstraintLayout>
</layout>
```

COLUMN

WebViewとは

WebViewは、Androidアプリ内からブラウザー使うための画面の部品です。TextViewのようにHTMLをただ表示するだけでなく、ページの遷移やJavaScriptなどの実行にも対応して、ブラウザと同じに振る舞うことができます。

以前のWebViewは、Androidのシステムに組み込まれていました。これでは、不具合があってもAndroidのバージョンアップのタイミングでしか修正されませんし、新しいバージョンで修正されても、古いバージョンのAndroidが動作するデバイスが残っていれば不具合は存在し続けることを意味します。

また過去のバージョンのWebViewでは、Webサイトから任意のコードが実行可能となる重大な脆弱性も見つかっています。

・JVN#53768697
　URL http://jvn.jp/jp/JVN53768697/index.html
・Androidの脆弱性（まとめ版）いまさらブログ
　URL https://tama-sand.blogspot.com/2013/12/android-browser.html

Android 5.0からはWebViewはAndroidのシステムから切り離されて、Google Playを通じて単独で更新ができるようになっています。

.ui.login.LoginFragment を、**リスト 40.2** のように変更します。

○リスト 40.2：.ui.login.LoginFragment

```
      package io.keiji.sample.mastodonclient.ui.login

+     import android.net.Uri
      import android.os.Bundle
      import android.view.View
+     import android.webkit.WebViewClient
      import androidx.databinding.DataBindingUtil
      // 省略

      class LoginFragment : Fragment(R.layout.fragment_login) {

          // 省略

          override fun onViewCreated(view: View, savedInstanceState: Bundle?) {
              super.onViewCreated(view, savedInstanceState)

              val bindingData: FragmentLoginBinding? = DataBindingUtil.bind(view)
              binding = bindingData ?: return

+             val authUri = Uri.parse(BuildConfig.INSTANCE_URL)
+                 .buildUpon()
+                 .appendPath("oauth")
+                 .appendPath("authorize")
+                 .appendQueryParameter("client_id", BuildConfig.CLIENT_KEY)      ②    ①
+                 .appendQueryParameter("redirect_uri", BuildConfig.CLIENT_REDIRECT_URI)
+                 .appendQueryParameter("response_type", "code")
+                 .appendQueryParameter("scope", BuildConfig.CLIENT_SCOPES)
+                 .build()
+
+             bindingData.webview.webViewClient = InnerWebViewClient()      ③
+             bindingData.webview.settings.javaScriptEnabled = true      ④
+             bindingData.webview.loadUrl(authUri.toString())      ⑤
          }

+         private class InnerWebViewClient : WebViewClient() {
+         }

      }
```

① WebView で読み込む URI を組み立てる
② 識別情報のクライアントキーを設定
③ WebView の状態の変化を受け取るためのクラスを設定
④ JavaScript を有効化
⑤ 組み立てた URI（URL）を読み込む

組み立てたauthUriは、次のようなアドレスになります。

https://androidbook2020.keiji.io/oauth/authorize?client_id=*[クライアントキー]*&redirect_uri=urn%3Aietf
%3Awg%3Aoauth%3A2.0%3Aoob&response_type=code&scope=read%20write

URLに含めるのは、クライアントの識別情報のうちクライアントキーのみです。クライアントシークレットはこの時点では使わないので注意してください。

認可コードの取得

アプリを起動すると、Mastodonインスタンスのログイン画面が表示されます（**図40.1**）。

ログインすると、アプリからのアカウントへのアクセスを認可するかを承諾する画面が表示されます（**図40.2**）。ここで［拒否］を選択すると、アプリからアカウントの情報にアクセスすることはできません。

もし「不明なクライアント」と表示されたら、その場合はクライアントキーが間違っている可能性があるので確認してください。

［許可］を選択すると、認証コードが表示されます（**図40.3**）。この認証コードを使ってアクセストークンの取得処理を行います。

○図40.1：

○図40.2：

○図40.3：

問題は、認可コードをどうやってアプリ側から取得するかです。

基本的に、WebViewの表示に関して、アプリ側から取得できる内容は限られています。現在表示しているHTMLのソースを取得することが簡単にできてしまうと、それはプライ

バシーに関わる情報がアプリ開発者から読み取ることができるのと同じであるためです。

選択肢の1つとしては、アプリの画面（たとえばWebViewの下端など）に、認可コードの入力を受け付ける場所を作って、表示された認可コードをコピー＆ペーストする方法があります。しかし、この方法ではユーザーの手間がかかります。

もう1つの選択肢として、認証コードは画面に表示されるだけではなく、ログイン（許可）後のページのURLに含まれているので、WebViewでは読み込んでいるサイトのURLをアプリから取得します。これを利用して認可コードを得ることができます。

URLから認可コードを取得

.ui.login.LoginFragmentを、**リスト40.3**のように変更します。

○リスト40.3：.ui.login.LoginFragment

```
   import android.view.View
+  import android.webkit.WebView
   import android.webkit.WebViewClient
   // 省略
   class LoginFragment : Fragment(R.layout.fragment_login) {

       // 省略

       private val viewModel: LoginViewModel by viewModels {
           LoginViewModelFactory(
                   BuildConfig.INSTANCE_URL,
                   lifecycleScope,
                   requireContext()
           )
       }

+      private val onObtainCode = fun(code: String) {        ┐
+                                                            ├①
+      }                                                     ┘

       override fun onViewCreated(view: View, savedInstanceState: Bundle?) {
           super.onViewCreated(view, savedInstanceState)

           val bindingData: FragmentLoginBinding? = DataBindingUtil.bind(view)
           binding = bindingData ?: return

           val authUri = Uri.parse(BuildConfig.INSTANCE_URL)
               .buildUpon()
               .appendPath("oauth")
               .appendPath("authorize")
               .appendQueryParameter("client_id", BuildConfig.CLIENT_KEY)
               .appendQueryParameter("redirect_uri", BuildConfig.CLIENT_REDIRECT_URI)
               .appendQueryParameter("response_type", "code")
               .appendQueryParameter("scope", BuildConfig.CLIENT_SCOPES)
               .build()

-          bindingData.webview.webViewClient = InnerWebViewClient()
+          bindingData.webview.webViewClient = InnerWebViewClient(onObtainCode)
           bindingData.webview.settings.javaScriptEnabled = true
```

239

```
            bindingData.webview.loadUrl(authUri.toString())
        }

        private class InnerWebViewClient(
+           val onObtainCode: (code: String) -> Unit
        ) : WebViewClient() {
+           override fun onPageFinished(view: WebView?, url: String?) {
+               super.onPageFinished(view, url)
+               view ?: return
+
+               val code = Uri.parse(view.url).getQueryParameter("code")
+               code ?: return
+
+               onObtainCode(code)
+           }
        }
    }
```

① code を受け取るコールバック関数を宣言
② WebView 内でページ遷移（URL変更）イベント
③ クエリにcodeが含まれているかチェック。なければ処理を抜ける（returnする）
④ code をコールバック関数onObtainCodeの引数として実行

　ここまでアプリを実行しても、認可コードの取得はできますが、codeを受け取った先の処理を書いていないのでアクセストークンは取得できません。
　次に、ここで取得した認可コードを利用してアクセストークンの取得を行います。

Step 41　アクセストークンを取得する

　認証コードを利用したアクセストークンの取得は、次の手順で行います。

・ APIの定義（アクセストークン取得）
・ ViewModel の調整
・ アクセストークンの取得

APIの定義（アクセストークン取得）

Mastodon APIの認可関係のドキュメントは次のURLにあります。

🔗 https://docs.joinmastodon.org/methods/apps/oauth/

　まず、APIのレスポンス（JSON）をパースするためのクラスを追加します。パッケージ .entiry にクラス ResponseToken を作成して、**リスト41.1**のようにします。

○リスト41.1：.entiry.ResponseToken

```
package io.keiji.sample.mastodonclient.entity

import com.squareup.moshi.Json

data class ResponseToken(
        @Json(name = "access_token") val accessToken: String,
        @Json(name = "token_type") val tokenType: String,
        val scope: String,
        @Json(name = "created_at") val createdAt: Long
) {
}
```

次に、MastodonApiをリスト41.2のように変更します。

○リスト41.2：.MastodonApi

```
    package io.keiji.sample.mastodonclient

    import io.keiji.sample.mastodonclient.entity.Account
+   import io.keiji.sample.mastodonclient.entity.ResponseToken
    import io.keiji.sample.mastodonclient.entity.Toot
    // 省略

    interface MastodonApi {

        // 省略

        @DELETE("api/v1/statuses/{id}")
        suspend fun deleteToot(
                @Header("Authorization") accessToken: String,
                @Path("id") id: String
        )

+       @FormUrlEncoded
+       @POST("oauth/token")
+       suspend fun token(
+               @Field("client_id") clientId: String,
+               @Field("client_secret") clientSecret: String,
+               @Field("redirect_uri") redirectUri: String,
+               @Field("scope") scope: String,
+               @Field("code") code: String,
+               @Field("grant_type") grantType: String
+       ): ResponseToken
    }
```

① アクセストークンをリクエスト
② クライアントキー（ID）と、クライアントシークレットを送る
③ 取得した認証コード

　次に、認可APIを担当するRepositoryクラスを作成します。パッケージ.ui.repositoryにクラスAuthRepositoryを作成して、**リスト41.3**のようにします。

○リスト41.3：.ui.repository.AuthRepository

```kotlin
package io.keiji.sample.mastodonclient.repository

import com.squareup.moshi.Moshi
import com.squareup.moshi.kotlin.reflect.KotlinJsonAdapterFactory
import io.keiji.sample.mastodonclient.MastodonApi
import io.keiji.sample.mastodonclient.entity.ResponseToken
import kotlinx.coroutines.Dispatchers
import kotlinx.coroutines.withContext
import retrofit2.Retrofit
import retrofit2.converter.moshi.MoshiConverterFactory

class AuthRepository(
    instanceUrl: String
) {

    private val moshi = Moshi.Builder()
            .add(KotlinJsonAdapterFactory())
            .build()
    private val retrofit = Retrofit.Builder()
        .baseUrl(instanceUrl)
        .addConverterFactory(MoshiConverterFactory.create(moshi))
        .build()
    private val api = retrofit.create(MastodonApi::class.java)

    suspend fun token(
            clientId: String,
            clientSecret: String,
            redirectUri: String,
            scopes: String,
            code: String
    ): ResponseToken = withContext(Dispatchers.IO) {
        return@withContext api.token(
                clientId,
                clientSecret,
                redirectUri,
                scopes,
                code,
                "authorization_code"    ①
        )

    }

}
```

① 「grant_type」は authorization_code

ViewModelの調整

.ui.login.LoginViewModelを、**リスト41.4**のように変更します。

○リスト41.4：.ui.login.LoginViewModel

```
        import android.app.Application
+       import android.util.Log
        import androidx.lifecycle.AndroidViewModel
+       import io.keiji.sample.mastodonclient.repository.AuthRepository
        import kotlinx.coroutines.CoroutineScope
        import kotlinx.coroutines.launch

        class LoginViewModel(
                private val instanceUrl: String,
                private val coroutineScope: CoroutineScope,
                application: Application
        ) : AndroidViewModel(application) {

+           companion object {
+               private val TAG = AndroidViewModel::class.java.simpleName
+           }

+           private val authRepository = AuthRepository(instanceUrl)

+           fun requestAccessToken(
+                   clientId: String,
+                   clientSecret: String,
+                   redirectUri: String,
+                   scopes: String,
+                   code: String
+           ) {
+               coroutineScope.launch {
+                   val responseToken = authRepository.token(
+                           instanceUrl,
+                           clientId,
+                           clientSecret,          ①
+                           redirectUri,
+                           scopes,
+                           code
+                   )
+
+                   Log.d(TAG, responseToken.accessToken)    ②
+               }
+           }
        }
```

① アクセストークンのリクエストを実行

② 取得したアクセストークンをログ表示

アクセストークンの取得

.ui.login.LoginFragment を、**リスト41.5**のように変更します。認可コードを受け取るコールバック関数onObtainCode内で、アクセストークンのリクエストを実行します。

○リスト41.5：.ui.login.LoginFragment

```
        private val onObtainCode = fun(code: String) {
+           viewModel.requestAccessToken(
+               BuildConfig.CLIENT_KEY,
+               BuildConfig.CLIENT_SECRET,
+               BuildConfig.CLIENT_REDIRECT_URI,
+               BuildConfig.CLIENT_SCOPES,
+               code
+           )
        }
```

コードの変更を終えて、再びアプリの起動からログイン・認可の処理を終えると、Logcatに取得したアクセストークンが出力されます。

アクセストークンを保存

OAuth 2.0のAuthorization Code Grantを使ってアクセストークンを取得しました。しかし、アクセストークンの情報は現在LoginViewModelの、requestAccessTokenメソッドで開始されるCoroutineの中にある変数responseTokenにしかありません。他のViewModelが扱えるように、また、アプリを終了しても失われないように保存（永続化）する必要があります。

本書ではSharedPreferenceを使ってアクセストークンを保存します。SharedPreferencesは、Androidフレームワークが用意しているデータを保存する仕組みです。アプリを作っていて必要になる簡単な設定の保存に適しています。

アクセストークン保存の手順は次のとおりです。

- Repositoryの調整
- ViewModelの調整

Repositoryの調整

.repository.UserCredentialRepository を**リスト41.6**のように変更します。

○リスト41.6：.repository.UserCredentialRepository

```
package io.keiji.sample.mastodonclient.repository

import android.app.Application
import android.content.Context
import android.content.SharedPreferences
import android.net.Uri
import androidx.core.content.edit
import io.keiji.sample.mastodonclient.entity.UserCredential
import kotlinx.coroutines.Dispatchers
import kotlinx.coroutines.withContext

class UserCredentialRepository(
    private val application: Application
) {

    companion object {                                            ①
        private const val KEY_ACCESS_TOKEN = "access_token"
    }

    private fun getPreference(instanceUrl: String): SharedPreferences? {
        val hostname = Uri.parse(instanceUrl).host               ③
                ?: return null
        val filename = "{$hostname}.dat"                         ④
        return application.getSharedPreferences(                 ②
                filename,                                        ⑤
                Context.MODE_PRIVATE)
    }

    suspend fun set(
        userCredential: UserCredential
    ) = withContext(Dispatchers.IO) {
        val pref = getPreference(userCredential.instanceUrl)     ⑥
        pref?.edit {
            putString(KEY_ACCESS_TOKEN, userCredential.accessToken)
        }
    }

    suspend fun find(
        instanceUrl: String,
        username: String
    ): UserCredential? = withContext(Dispatchers.IO) {
    ): UserCredential? = withContext(Dispatchers.Main) {          ⑦

        return@withContext null
        val pref = getPreference(instanceUrl)
                ?: return@withContext null

        val accessToken = pref.getString(KEY_ACCESS_TOKEN, null)  ⑧
                ?: return@withContext null

        return@withContext UserCredential(instanceUrl, username, accessToken)
    }
}
```

① SharedPreferences に値を出し入れする時に使うキーを定義

② Mastodon インスタンス毎の SharedPreferences オブジェクトを返す

③ instanceUrl からホスト名を抜き出す

④ ホスト名を元に SharedPreferences のファイル名を構築

⑤ SharedPreferences オブジェクトを作成。アクセス権はこのアプリに限定

⑥ アクセストークンを SharedPreferences オブジェクトに保存

⑦ SharedPreferences には Main スレッドでアクセスする

⑧ SharedPreferences オブジェクトからアクセストークンを取り出して、UserCredential オブジェクトとして返す

ViewModelの調整

.ui.LoginViewModel を**リスト41.7**のように変更します。

○リスト41.7：.ui.LoginViewModel

```
    import androidx.lifecycle.AndroidViewModel
+   import androidx.lifecycle.MutableLiveData
+   import io.keiji.sample.mastodonclient.entity.UserCredential
    import io.keiji.sample.mastodonclient.repository.AuthRepository
+   import io.keiji.sample.mastodonclient.repository.UserCredentialRepository
    import kotlinx.coroutines.CoroutineScope
    import kotlinx.coroutines.launch

    class LoginViewModel(
            private val instanceUrl: String,
            private val coroutineScope: CoroutineScope,
            application: Application
    ) : AndroidViewModel(application) {

        companion object {
            private val TAG = AndroidViewModel::class.java.simpleName
        }

        private val authRepository = AuthRepository()
+       private val userCredentialRepository = UserCredentialRepository(
+           application
+       )

+       val accessTokenSaved = MutableLiveData<UserCredential>()      ①

        fun requestAccessToken(
                clientId: String,
                clientSecret: String,
                redirectUri: String,
                scopes: String,
                code: String
        ) {
            coroutineScope.launch {
```

```
                    // 省略
                    Log.d(TAG, responseToken.accessToken)
+                   val userCredential = UserCredential(
+                       instanceUrl = instanceUrl,                    ②
+                       accessToken = responseToken.accessToken
+                   )
+                   userCredentialRepository.set(userCredential)       ③
+
+                   accessTokenSaved.postValue(userCredential)         ④
                }
            }
        }
```

① アクセストークンが保存されたことをUIに伝えるLiveData
② UserCredentialオブジェクトのインスタンス化
③ アクセストークンを保存
④ アクセストークン保存をUIに伝える

ログイン後、画面を再読み込み

　現在は、ログインして戻っても一覧画面は真っ白なまま、一度アプリを再起動するまではToot一覧は表示されません。ログイン完了後に戻った画面で再読み込みをして、そのまま操作を続けたいところです。

　LoginActivityがログインに成功したか結果を受け取って、UserCredentialを再度取得し直す必要があるので、.ui.LoginFragmentをリスト41.8のように変更します。

○リスト41.8：.ui.LoginFragment

```
        package io.keiji.sample.mastodonclient.ui.login

+       import android.content.Context
        import android.net.Uri
        // 省略
        import androidx.fragment.app.viewModels
+       import androidx.lifecycle.Observer
        import androidx.lifecycle.lifecycleScope
        // 省略

        class LoginFragment : Fragment(R.layout.fragment_login) {

            private val viewModel: LoginViewModel by viewModels {
                // 省略
            }

+           interface Callback {
+               fun onAuthCompleted()                ①
+           }
```

```
+         private var callback: Callback? = null        ②

+         override fun onAttach(context: Context) {
+             super.onAttach(context)
+
+             if (context is Callback) {
+                 callback = context                      ③
+             }
+         }

          private val onObtainCode = fun(code: String) {
              // 省略
          }

          override fun onViewCreated(view: View, savedInstanceState: Bundle?) {
              super.onViewCreated(view, savedInstanceState)

              val bindingData: FragmentLoginBinding? = DataBindingUtil.bind(view)
              binding = bindingData ?: return

+             viewModel.accessTokenSaved.observe(viewLifecycleOwner, Observer {
+                 callback?.onAuthCompleted()                                      ④
+             })

              val authUri = Uri.parse(BuildConfig.INSTANCE_URL)
              // 省略
          }
      }
```

① 認証完了を Actiivty に伝えるコールバック
② コールバックを保持するプロパティ。null の場合がある
③ 表示した Activity が Callback を実装しているか検査してコールバックを保持
④ アクセストークンが保存されたら Activity にコールバックする
⑤ コールバックを通じて Activity に詳細画面が閉じることを伝える

　LoginActivity は、必ず他の Activity または Fragment から呼び出されます。
startActivityForResult で呼び出された場合に、呼び出し元に返す結果を設定します。
　.ui.LoginActivity を**リスト41.9**のように変更します。

アプリのデータ削除とは

　ストレージにデータを保存する処理を書いていると、保存に失敗したり不完全な情報を保存してしまい、本来開発したい機能が使えないことが起こります。また、保存した後にデータ構造を変更するなどして前のデータが読み込めなくなることもあります。

　古いデータ構造の変更を新しいデータ構造に移行する作業（マイグレーション）は、筆者の知る中でもっとも負荷の高い作業の1つです。ユーザーに提供する前、開発途中のアプリであれば、マイグレーションは行わずアプリが保存しているファイル類をすべて削除してやり直したほうが早いです。

　アプリのデータを削除するには、まず、ホーム画面（**図41.1**）でアプリのアイコンを長押しして表示されるメニューから［アプリ情報］を選択します。

　アプリのメニューが表示されるので、［ストレージ］をタップします（**図41.2**）。

　ストレージの利用状況が表示されます（**図41.3**）。［ストレージを消去］をタップすると、アプリが保存したすべてのデータを消去できます。

○図41.1：

○図41.2：

○図41.3：

　ストレージには「ユーザーデータ」と「キャッシュ」があります。Shared Preferencesは、通常ユーザーデータとして保存されるため「キャッシュを消去」では消すことができません。

　今回のアプリでユーザーデータよりキャッシュの方が使用容量が多いのは、画像読み込みライブラリの「Glide」が、ネットワークからダウンロードした画像をキャッシュに保存するためです。キャッシュ（一時ファイル）で、デバイスの再起動など特定のタイミングで自動的に消去されます。

○リスト 41.9：.ui.LoginActivity

```
        package io.keiji.sample.mastodonclient.ui.login

+       import android.app.Activity
        import android.os.Bundle
+       import android.widget.Toast
        import androidx.appcompat.app.AppCompatActivity
        import io.keiji.sample.mastodonclient.R

-       class LoginActivity : AppCompatActivity(R.layout.activity_login) {
+       class LoginActivity : AppCompatActivity(R.layout.activity_login),
+               LoginFragment.Callback {                    ①

            override fun onCreate(savedInstanceState: Bundle?) {
                super.onCreate(savedInstanceState)

                if (savedInstanceState == null) {
                    val fragment = LoginFragment()
                    supportFragmentManager.beginTransaction()
                        .replace(R.id.fragment_container, fragment, LoginFragment.TAG)
                        .commit()
                }
            }

+           override fun onAuthCompleted() {
+               Toast.makeText(this, "ログイン完了しました", Toast.LENGTH_LONG).show()
+               setResult(Activity.RESULT_OK)         ③         ②
+               finish()
+           }
        }
```

① LoginFragment の Callback インターフェースを実装
② 認証完了のコールバック
③ 呼び出し元へ返す結果を設定して Activity を終了

　呼び出し側の Fragment で、Activity からの結果を受け取る onActivityResult を実装します。.ui.toot_list.TootListFragment を**リスト 41.10**のように変更します。

○リスト41.10：.ui.toot_list.TootListFragment

```
    import android.view.View
+   import android.widget.Toast
    import androidx.appcompat.app.AppCompatActivity
    // 省略

    class TootListFragment : Fragment(R.layout.fragment_toot_list),
        TootListAdapter.Callback {

        // 省略

        override fun onActivityResult(requestCode: Int, resultCode: Int, data:
        Intent?) {
            super.onActivityResult(requestCode, resultCode, data)

            if (requestCode == REQUEST_CODE_TOOT_EDIT
                && resultCode == Activity.RESULT_OK) {
                viewModel.clear()
                viewModel.loadNext()
            }

+           if (requestCode == REQUEST_CODE_LOGIN) {
+               handleLoginActivityResult(resultCode)            ①
+           }
        }

+       private fun handleLoginActivityResult(resultCode: Int) {
+           when (resultCode) {
+               Activity.RESULT_OK -> viewModel.reloadUserCredential()    ②
+               else -> {
+                   Toast.makeText(
+                       requireContext(),
+                       "ログインが完了しませんでした",
+                       Toast.LENGTH_LONG
+                   ).show()
+                   requireActivity().finish()
+               }
+           }
+       }
```

① requestCode が LoginActivity を起動したときのものと一致するかを判定
② viewModel で UserCredential の再読み込みを行う

　ViewModel に UserCredential の再読み込み処理を追加します。.ui.toot_list.TootListView
Model を**リスト41.11**のように変更します。

○リスト41.11：.ui.toot_list.TootListViewModel

```
    @OnLifecycleEvent(Lifecycle.Event.ON_CREATE)
    fun onCreate() {
-       coroutineScope.launch {
-           val credential = userCredentialRepository
-               .find(instanceUrl, username)
-           if (credential == null) {
-               loginRequired.postValue(true)
-               return@launch
-           }
-
-           tootRepository = TootRepository(credential)          ①
-           accountRepository = AccountRepository(credential)
-           userCredential = credential
-
-           loadNext()
-       }
+       reloadUserCredential()
    }

    fun delete(toot: Toot) {
        // 省略
    }

+   fun reloadUserCredential() {
+       coroutineScope.launch {
+           val credential = userCredentialRepository
+               .find(instanceUrl, username)
+           if (credential == null) {
+               loginRequired.postValue(true)      ②
+               return@launch
+           }
+
+           tootRepository = TootRepository(credential)
+           accountRepository = AccountRepository(credential)
+           userCredential = credential
+
+           clear()
+           loadNext()                              ③
+       }
+   }
```

① UserCredential の取得から読み込みまでを reloadUserCredential() メソッドにまとめる

② UserCredential の取得と、UserCredential が存在しない場合の処理

③ 読み込み済みの Toot 一覧を消去して再読み込み

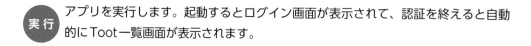

アプリを実行します。起動するとログイン画面が表示されて、認証を終えると自動的に Toot 一覧画面が表示されます。

Step 42 外部ブラウザでログインする

　ここまで、ユーザーはアプリ内ブラウザを通じて認証（ログイン）と許可をすることで、アプリはアクセストークンを取得していました。しかし、この方法には課題があります。

　もっとも大きな課題は、セキュリティです。アプリ内ブラウザが表示しているログイン画面が、本当にユーザーが望んでいるMastodonインスタンスのものであるのかユーザーにはわかりません。仮に開発者がWebViewが表示しているURLを画面のどこかに表示したとして、それが正しいと確認する手段をユーザーは持っていません。

　アプリ内ブラウザに表示されたログイン画面が、本来の意図と異なるインスタンスの（または偽装した）ものだと気づかずにログイン操作を行うと、認証情報そのものを抜き取るフィッシングが実行できてしまいます。認証情報を盗むことができれば、OAuth 2.0の認可の仕組みは意味を失います。

　もちろん本書の読者を含め、アプリ開発者が全員、清廉潔白であれば、ユーザーはこのような心配をする必要はないのですが、現実問題としてユーザーは常に危機に曝されていることになります。たとえ開発者に悪意がなくとも、アプリ内ブラウザで認証することへのユーザーの心理的障壁を下げる実装は適当ではないというのが、近年の傾向です。

　課題を解決するためには、外部ブラウザによるログイン処理を行うことです。つまり、ログイン（認証）はユーザーが普段使っている外部のブラウザで行い、アクセストークン（認可）の情報のみをアプリは取り扱います。この方法であればアプリは認証に一切関与せず、認可の情報のみを受け取ることができます。

　外部ブラウザによるアクセストークンの取得は、次の手順で行います。

・リダイレクトを受け取るIntent-Filterの設定
・リダイレクトURIを設定する
・LoginFragmentからブラウザを起動
・コードとアクセストークンの取得

○図42.1：

intent-filterの設定

　認証コードを取得する際、パラメーターとして「redirect_uri」を指定しています。これはブラウザからサーバーで認証した後に遷移（リダイレクト）するURIを指定するものです。

　これまでRedirectURIには`urn:ietf:wg:oauth:2.0:oob`を指定していました。これはリダイレクトせず、画面に認証コードを表示します（**図42.1**）。

　リダイレクトURIは、あらかじめサーバーに登録しておく

ことで違うものを指定できます。そこで特定のURIをサーバーに登録してリダイレクトURI
に反応して起動するようにアプリを設定したうえで、認可コードを要求するリダイレクト
URIに指定すれば、認証コードの取得後に元のアプリに戻ることができるようになります。

　ブラウザはページを遷移する際、「暗黙的Intent」を発行します。そのため特定のURIで
起動する設定は、AndroidManifest.xmlにintent-filterを追加することで実現できます。

　AndroidManifest.xmlを**リスト42.1**のように変更します。

○リスト42.1：app/src/main/AndroidManifest.xml

```
        <activity android:name=".ui.toot_edit.TootEditActivity"
            android:windowSoftInputMode="adjustResize" />
-       <activity android:name=".ui.login.LoginActivity"
-           android:windowSoftInputMode="adjustResize" />
+       <activity
+           android:name=".ui.login.LoginActivity"
+           android:launchMode="singleTask"
+           android:windowSoftInputMode="adjustPan">
+           <intent-filter>
+               <action android:name="android.intent.action.VIEW" />

+               <category android:name="android.intent.category.DEFAULT" />
+               <category android:name="android.intent.category.BROWSABLE" />

+               <data
+                   android:host="${applicationId}"
+                   android:scheme="auth" />
+           </intent-filter>
+       </activity>
    </application>

</manifest>
```

　ブラウザからの暗黙的Intentを受け取るには、intent-filterを次のように設定します。

・action 　　：android.intent.action.VIEW
・category ：android.intent.category.DEFAULT
　　　　　　　：android.intent.category.BROWSABLE

　このままではすべてのブラウザでのページ遷移をLoginActivityが受け取ってしまいます。
そのため<data>で条件を絞り込んで、特定のURIだけ受け取るように制限を加えています。

・host = ${applicationId}
・scheme = auth

　${applicationId}の部分は、現在のapplicationId（このサンプルで言えばio.keiji.sample.
mastodonclient）が展開されます。

リダイレクトURIを設定

　アプリから指定するリダイレクトURIは、Intent-Filterに合っていればどんなものでも構いませんが、もちろん制約もあります。リダイレクト先として許可するURIをあらかじめ登録しておく必要があります（ホワイトリスト方式）。

　Mastodonのアプリ管理画面（**図42.2**）から「リダイレクトURI」を設定します。

○図42.2：

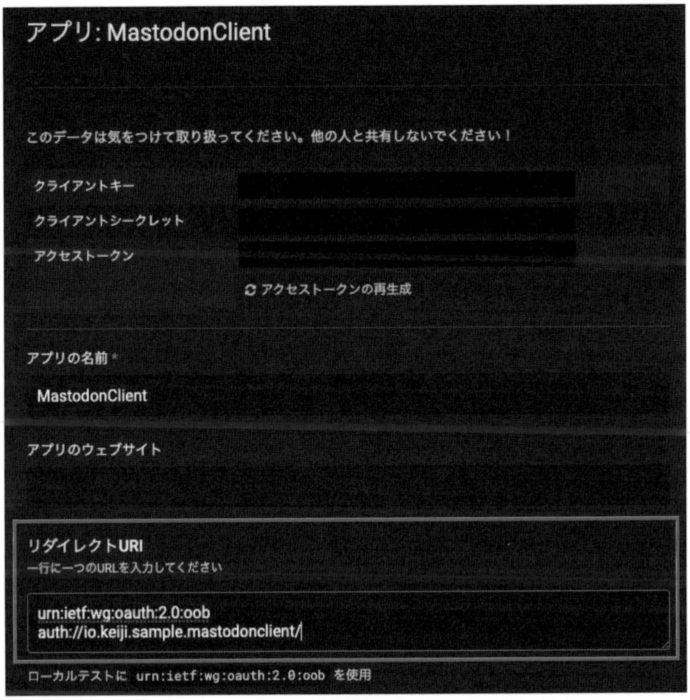

　リダイレクトURIは複数登録できますが、1行に1つのURIを列挙します（**リスト42.2**）。

○リスト42.2：リダイレクトURIの登録例

```
urn:ietf:wg:oauth:2.0:oob
auth://io.keiji.sample.mastodonclient
```

外部ブラウザを起動

　アプリ内ブラウザを起動していた処理を、外部ブラウザの起動に切り替えます。.ui.login.LoginFragmentを**リスト42.3**のように変更します。

○リスト42.3：.ui.login.LoginFragment

```
    import android.content.Context
+   import android.content.Intent
    import android.net.Uri
    import android.os.Bundle
    import android.view.View
-   import android.webkit.WebView
-   import android.webkit.WebViewClient
    import androidx.databinding.DataBindingUtil
    // 省略

    class LoginFragment : Fragment(R.layout.fragment_login) {

        companion object {
            val TAG = LoginFragment::class.java.simpleName

+           private const val REDIRECT_URI = "auth://${BuildConfig.APPLICATION_ID}"  ①
        }

        private val viewModel: LoginViewModel by viewModels {
            // 省略
        }

        interface Callback {
            fun onAuthCompleted()
        }

        private var callback: Callback? = null

        override fun onAttach(context: Context) {
            // 省略
        }

-       private val onObtainCode = fun(code: String) {
-           viewModel.requestAccessToken(
-                   BuildConfig.CLIENT_KEY,
-                   BuildConfig.CLIENT_SECRET,
-                   BuildConfig.CLIENT_REDIRECT_URI,
-                   BuildConfig.CLIENT_SCOPES,
-                   code
-           )
-       }

        override fun onViewCreated(view: View, savedInstanceState: Bundle?) {
            super.onViewCreated(view, savedInstanceState)

            // 省略

            val authUri = Uri.parse(BuildConfig.INSTANCE_URL)
                .buildUpon()
                .appendPath("oauth")
                .appendPath("authorize")
                .appendQueryParameter("client_id", BuildConfig.CLIENT_KEY)
```

```
-                    .appendQueryParameter("redirect_uri", BuildConfig.CLIENT_REDIRECT_URI)    ⎫
+                    .appendQueryParameter("redirect_uri", REDIRECT_URI)                        ⎬ ②
                     .appendQueryParameter("response_type", "code")
                     .appendQueryParameter("scope", BuildConfig.CLIENT_SCOPES)
                     .build()

+            val intent = Intent(Intent.ACTION_VIEW, authUri).apply {    ⎫
+                addCategory(Intent.CATEGORY_BROWSABLE)                    ⎬ ③
+            }                                                            ⎭
+            startActivity(intent)
         }

-        private class InnerWebViewClient(
-            val onObtainCode: (code: String) -> Unit
-        ) : WebViewClient() {
-            override fun onPageFinished(view: WebView?, url: String?) {
-                super.onPageFinished(view, url)
-                view ?: return
-
-                val code = Uri.parse(view.url).getQueryParameter("code")
-                code ?: return
-
-                onObtainCode(code)
-            }
-        }
    }
```

① サーバーに指定するリダイレクトURIの定数。BuildConfig.APPLICATION_IDはアプリケーションIDを表す定数

② サーバーに指定するリダイレクトURIを切り替え

③ URI指定（暗黙的インテント）でブラウザを起動

○図42.3：

 実 行 アプリを起動すると、これまでアプリ内ブラウザで表示されていたログイン画面が、Chromeの中で表示されます（図42.3）。

アクセストークンの取得

.ui.login.LoginActivityを**リスト42.4**のように変更します。

AndroidManifest.xmlを変更したときLoginActivityのlaunchMode属性にsingleTaskを指定しました。singleTaskが指定されている場合、すでに起動しているActivityがある場合、新しくActivityを起動しません。その場合、IntentFilterが検知したURIは、onNewIntentメソッドの引数intentとして受け取ります。

○リスト42.4：.ui.login.LoginActivity

```kotlin
    override fun onCreate(savedInstanceState: Bundle?) {
        // 省略
    }

    override fun onNewIntent(intent: Intent?) {
        super.onNewIntent(intent)

        intent ?: return

        val code = intent.data?.getQueryParameter("code") ?: return    ②
        val loginFragment = supportFragmentManager.findFragmentByTag(LoginFragment.
TAG)    ③
        if (loginFragment is LoginFragment) {
            loginFragment.requestAccessToken(code)    ④
        }
    }

    override fun onAuthCompleted() {
        // 省略
    }
```

① singleTask が指定されていて、Activity がすでに起動されている場合に呼ばれる

② URI から code のクエリを取得

③ FragmentManager から LoginFragment を取得（厳密には LoginFragment.TAG と同じタグで追加された Fragment のインスタンス）

④ LoginFragment を通じてアクセストークンをリクエスト

.ui.login.LoginFragment を**リスト42.5**のように変更します。

○リスト 42.5：.ui.login.LoginFragment

```
     private var callback: Callback? = null

     fun requestAccessToken(code: String) {
+          viewModel.requestAccessToken(
+              BuildConfig.CLIENT_KEY,
+              BuildConfig.CLIENT_SECRET,
+              REDIRECT_URI,
+              BuildConfig.CLIENT_SCOPES,
+              code
+          )
+     }

     override fun onAttach(context: Context) {
         // 省略
     }
```
①

① アクセストークンをリクエスト

 実行　ここまでの変更を終えてアプリを起動すると、外部ブラウザでMastodonインスタンスのログインが表示されます。認証して、アカウントへのアクセスを許可すると、外部ブラウザは終了して再びアプリに戻り、投稿一覧画面が表示されます。
これで、外部ブラウザによるログインとアクセストークンの取得は完了です。

画像のアップロードと
プロファイラーの活用

本章では、Web APIを通じた画像のアップロードとプロファイラーの活用について解説しています。外部アプリによる画像の選択、アプリ内領域への一時ファイルの保存、画像のアップロード、Android Studioが備えている高度なプロファイラーについてそれぞれ説明します。

Step 43　エラーを処理する

ここまででいくつかの機能を実装してきましたが、基本的には正常系と呼ばれるうまくいったパターンのみで、異常系については触れてきませんでした。

異常系については多岐にわたるため、本書ですべてを解説できませんが、もっとも代表的なケースについて対応するようにします。

アクセストークンに権限がない場合

Mastodonのサーバーから取得するアクセストークンには、それぞれできること（権限）を定めた「スコープ」が設定されていて、スコープを越える操作はできません。

Mastodon APIの場合、アクセストークンを取得する過程でスコープを指定しています。

Mastodonのサーバーは、認証を終えたユーザーに、アプリが求めている認可のスコープを提示（**図43.1**）して、ユーザーが［許可］を選択しなければアクセストークンは発行されません。したがって、アクセストークンが発行されたなら、そのAPIを使うのに必要十分なスコープがあるはずです。

しかし、たとえばアプリが保存しているアクセストークンがサーバー側で取り消された（Revokeされた）場合を考慮に入れる必要があります。

○図43.1：

COLUMN

権限不足のテスト方法

もっとも簡単に権限がないケースをテストする方法としては、次の方法があります。まず、アプリのストレージを消去するなどして、保存済みのアクセストークンを消去します。次に、instance.propertiesに定義している `client_scopes` を `read` だけに設定して（**リスト43.1**）、Android Studioからアプリを起動します。

○リスト43.1：instance.properties

```
# 省略
client_scopes=read
```

起動したアプリで認証して、readのみの権限スコープが設定されたアクセストークンを取得します。そして、readのみの権限スコープが設定されたアクセストークンを使って投稿を実行します。

　スコープを超える操作をした場合はHttpExceptionの例外が発生します。.ui.toot_edit.
TootEditViewModelを**リスト43.2**のように変更します。

○リスト43.2：.ui.toot_edit.TootEditViewModel

```
        import kotlinx.coroutines.launch
+       import retrofit2.HttpException
+       import java.net.HttpURLConnection

        class TootEditViewModel(
                private val instanceUrl: String,
                private val username: String,
                private val coroutineScope: CoroutineScope,
                application: Application
        ) : AndroidViewModel(application) {

            // 省略

            fun postToot(status: Editable?) {

                // 省略
v               coroutineScope.launch {
                    val credential = userCredentialRepository.find(instanceUrl, username)
                    if (credential == null) {
                        loginRequired.postValue(true)
                        return@launch
                    }
v                   val tootRepository = TootRepository(credential)
-                   tootRepository.postToot(
-                       statusSnapshot
-                   )
-                   postComplete.postValue(true)
+                   try {
+                       tootRepository.postToot(
+                           statusSnapshot
+                       )
+                       postComplete.postValue(true)
+                   } catch (e: HttpException) {          ①
+                       when (e.code()) {
+                           HttpURLConnection.HTTP_FORBIDDEN -> {   ②
+                               errorMessage.postValue("必要な権限がありません")   ③
+                           }
+                       }
+                   }
                }
            }
        }
```

① サーバー側でエラーが発生した場合、RetrofitはHttpExceptionの例外が発生

② スコープを超える操作をした場合、サーバーはステータスコード403（Forbidden）を返す

③ エラーメッセージを表示

実行 ここまでの変更を終えてアプリを起動します。投稿画面を開いてテキストを入力して投稿ボタンを押すと、画面の下端に「必要な権限がありません」と表示されます（図43.2）。

○図43.2：

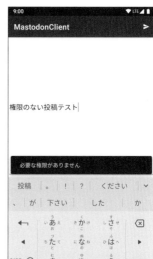

　同様に、TootListFragmentのタイムライン取得処理部分にも対応します。.ui.toot_list.TootListViewModelを**リスト43.3**のように変更します。

○リスト43.3：.ui.toot_list.TootListViewModel

```
    import kotlinx.coroutines.launch
+   import retrofit2.HttpException
+   import java.net.HttpURLConnection

    class TootListViewModel(
        private val instanceUrl: String,
        private val username: String,
        private val timelineType: TimelineType,
        private val coroutineScope: CoroutineScope,
        application: Application
    ) : AndroidViewModel(application), LifecycleObserver {

        // 省略

        val isLoading = MutableLiveData<Boolean>()
+       val errorMessage = MutableLiveData<String>()
        val accountInfo = MutableLiveData<Account>()
        val tootList = MutableLiveData<ArrayList<Toot>>()

        // 省略

        fun loadNext() {
            coroutineScope.launch {

                // 省略

                val maxId = tootListSnapshot.lastOrNull()?.id
-               val tootListResponse = when (timelineType) {
-                   TimelineType.PublicTimeline -> {
-                       tootRepository.fetchPublicTimeline(
-                           maxId = maxId,
-                           onlyMedia = true
-                       )
-                   }
-                   TimelineType.HomeTimeline -> {
-                       tootRepository.fetchHomeTimeline(
-                           maxId = maxId
-                       )
```

```
-                               }
-                               }
-                   tootListSnapshot.addAll(tootListResponse)
-                   tootList.postValue(tootListSnapshot)
-                   hasNext = tootListResponse.isNotEmpty()
-               isLoading.postValue(false)
+               try {
+                   val tootListResponse = when (timelineType) {
+                       TimelineType.PublicTimeline -> {
+                           tootRepository.fetchPublicTimeline(
+                               maxId = maxId,
+                               onlyMedia = true
+                           )
+                       }
+                       TimelineType.HomeTimeline -> {                    ①
+                           tootRepository.fetchHomeTimeline(
+                               maxId = maxId
+                           )
+                       }
+                   }
+
+                   tootListSnapshot.addAll(tootListResponse)
+                   tootList.postValue(tootListSnapshot)
+                   hasNext = tootListResponse.isNotEmpty()
+               } catch (e: HttpException) {
+                   when (e.code()) {
+                       HttpURLConnection.HTTP_FORBIDDEN -> {
+                           errorMessage.postValue("必要な権限がありません")
+                       }
+                   }
+               } finally {
+                   isLoading.postValue(false)
+               }
           }
       }

       private suspend fun updateAccountInfo() {
-           val accountInfoSnapshot = accountInfo.value
-               ?: accountRepository.verifyAccountCredential()
-           accountInfo.postValue(accountInfoSnapshot)
+           try {
+               val accountInfoSnapshot = accountInfo.value
+                   ?: accountRepository.verifyAccountCredential()
+                                                                      ②
+               accountInfo.postValue(accountInfoSnapshot)
+           } catch (e: HttpException) {
+               when (e.code()) {
+                   HttpURLConnection.HTTP_FORBIDDEN -> {
+                       errorMessage.postValue("必要な権限がありません")
+                   }
+               }
+           }
       }
```

```
        fun delete(toot: Toot) {
            coroutineScope.launch {
-               tootRepository.delete(toot.id)
-
-               val tootListSnapshot = tootList.value
-               tootListSnapshot?.remove(toot)
-               tootList.postValue(tootListSnapshot)
+               try {
+                   tootRepository.delete(toot.id)
+
+                   val tootListSnapshot = tootList.value        ③
+                   tootListSnapshot?.remove(toot)
+                   tootList.postValue(tootListSnapshot)
+               } catch (e: HttpException) {
+                   when (e.code()) {
+                       HttpURLConnection.HTTP_FORBIDDEN -> {
+                           errorMessage.postValue("必要な権限がありません")
+                       }
+                   }
+               }
            }
        }
```

① タイムラインの取得に関するエラー対応
② アカウント情報の取得に関するエラー対応
③ 投稿の削除に関するエラー対応

　TootListFragmentからLiveDataのerrorMessageが変化したら表示するようにします。.ui.toot_list.TootListFragmentを**リスト43.4**のように変更します。

○リスト43.4：.ui.toot_list.TootListFragment

```
    import androidx.recyclerview.widget.LinearLayoutManager
    import androidx.recyclerview.widget.RecyclerView
+   import com.google.android.material.snackbar.Snackbar
    import io.keiji.sample.mastodonclient.BuildConfig
    // 省略
    class TootListFragment : Fragment(R.layout.fragment_toot_list),
        TootListAdapter.Callback {

        // 省略

        override fun onViewCreated(view: View, savedInstanceState: Bundle?) {

            // 省略

            viewModel.isLoading.observe(viewLifecycleOwner, Observer {
                binding?.swipeRefreshLayout?.isRefreshing = it
            })
+           viewModel.errorMessage.observe(viewLifecycleOwner, Observer {
```

```
+                   Snackbar.make(bindingData.swipeRefreshLayout, it, Snackbar.LENGTH_
                    LONG).show()
+               })
            viewModel.accountInfo.observe(viewLifecycleOwner, Observer {
                showAccountInfo(it)
            })
            // 省略
        }
        // 省略
    }
```

ネットワーク（サーバー）に接続できない

　ネットワークに繋がらない場合や、サーバーが応答しない場合はIOExceptionの例外が発生します。.ui.toot_list.TootListViewModelをリスト43.5のように変更します。

○リスト43.5：.ui.toot_list.TootListViewModel

```
        import retrofit2.HttpException
+       import java.io.IOException
        import java.net.HttpURLConnection
        // 省略
        class TootListViewModel(
            private val instanceUrl: String,
            private val username: String,
            private val timelineType: TimelineType,
            private val coroutineScope: CoroutineScope,
            application: Application
        ) : AndroidViewModel(application), LifecycleObserver {
            // 省略
            fun loadNext() {
                coroutineScope.launch {
                    // 省略
                    try {
                        val tootListResponse = when (timelineType) {
                            TimelineType.PublicTimeline -> {
                                tootRepository.fetchPublicTimeline(
                                    maxId = maxId,
                                    onlyMedia = true
                                )
                            }
                            TimelineType.HomeTimeline -> {
                                tootRepository.fetchHomeTimeline(
                                    maxId = maxId
                                )
```

```
                        }
                    }
                    tootListSnapshot.addAll(tootListResponse)
                    tootList.postValue(tootListSnapshot)
                    hasNext = tootListResponse.isNotEmpty()
                } catch (e: HttpException) {
                    // 省略
+               } catch (e: IOException) {
+                   errorMessage.postValue(
+                       "サーバーに接続できませんでした。${e.message}"
+                   )
                } finally {
                    isLoading.postValue(false)
                }
            }
        }

        private suspend fun updateAccountInfo() {
            try {
                val accountInfoSnapshot = accountInfo.value
                        ?: accountRepository.verifyAccountCredential()

                accountInfo.postValue(accountInfoSnapshot)
            } catch (e: HttpException) {
                // 省略
+           } catch (e: IOException) {
+               errorMessage.postValue(
+                   "サーバーに接続できませんでした。${e.message}"
+               )
            }
        }

        fun delete(toot: Toot) {
            coroutineScope.launch {
                try {
                    tootRepository.delete(toot.id)
                } catch (e: HttpException) {
                    // 省略
+               } catch (e: IOException) {
+                   errorMessage.postValue(
+                       "サーバーに接続できませんでした。${e.message}"
+                   )
                }
            }
        }
```

○図43.3：

実行 ネットワークに接続できない状態でアプリを起動すると、画面の中央下付近に「サーバーに接続できませんでした。」とToastが表示されます（図43.3）。

サーバーに接続できませんでした。Unable to resolve host "androidbook2020.keiji.io": No addr...

Tips ネットワーク接続に関するテスト方法

機内モード（Airplaneモード）を有効するのが、もっとも簡単なテスト方法です（**図43.4**）。Airplaneモードを有効にして、ネットワーク接続が無効になったことを確認してから、通信が発生する操作を行います。

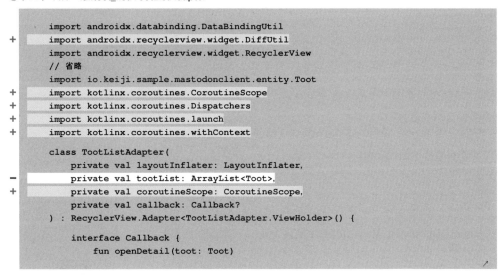 Step 44 RecyclerView を効率的に更新する

現状、RecyclerViewの更新処理はTootListFragmentのadapter.notifyDataSetChangedで実行しています。この方法では画面に表示されている範囲のすべての項目を更新するため効率が悪いです。

RecyclerView.AdapterにはnotifyItemChangedや、削除するnotifyItemDeletedなどの要素の位置を指定して更新するメソッドも用意されています。しかし、追加や更新、削除の位置などの差分情報を開発者側で計算する必要がありました。

DiffUtilを使えば、更新前と更新後のリストを比較して、効率的なアルゴリズム[注1]により差分を効率的に計算できます。

.ui.toot_list.TootListAdapterを**リスト44.1**のように変更します。

○リスト44.1：.ui.toot_list.TootListAdapter

```
    import androidx.databinding.DataBindingUtil
+   import androidx.recyclerview.widget.DiffUtil
    import androidx.recyclerview.widget.RecyclerView
    // 省略
    import io.keiji.sample.mastodonclient.entity.Toot
+   import kotlinx.coroutines.CoroutineScope
+   import kotlinx.coroutines.Dispatchers
+   import kotlinx.coroutines.launch
+   import kotlinx.coroutines.withContext

    class TootListAdapter(
        private val layoutInflater: LayoutInflater,
-       private val tootList: ArrayList<Toot>,
+       private val coroutineScope: CoroutineScope,
        private val callback: Callback?
    ) : RecyclerView.Adapter<TootListAdapter.ViewHolder>() {

        interface Callback {
            fun openDetail(toot: Toot)
```

注1）DiffUtil：**URL** https://developer.android.com/reference/androidx/recyclerview/widget/DiffUtil?hl=en

```
            fun delete(toot: Toot)
        }
+        private class RecyclerDiffCallback(
+            private val oldList: List<Toot>,
+            private val newList: List<Toot>
+        ) : DiffUtil.Callback() {
+
+            override fun getOldListSize() = oldList.size
+            override fun getNewListSize() = newList.size
+
+            override fun areItemsTheSame(
+                oldItemPosition: Int,
+                newItemPosition: Int
+            ) = oldList[oldItemPosition] == newList[newItemPosition]
+
+            override fun areContentsTheSame(
+                oldItemPosition: Int,
+                newItemPosition: Int
+            ) = oldList[oldItemPosition].id == newList[newItemPosition].id
+        }

+        var tootList: ArrayList<Toot> = ArrayList()
+            set(value) {
+                coroutineScope.launch(Dispatchers.Main) {
+                    val diffResult = withContext(Dispatchers.Default) {
+                        DiffUtil.calculateDiff(
+                            RecyclerDiffCallback(field, value)
+                        )
+                    }
+
+                    field = value
+
+                    diffResult.dispatchUpdatesTo(this@TootListAdapter)
+                }
+            }

        override fun getItemCount() = tootList.size
```

① ①2つの差分を判定する条件を定めるクラス
② ②要素が同じか判定
③ ③要素の「内容」が同じか判定
④ ④差分計算を非同期で実行
⑤ ⑤プロパティに新しいリストを設定
⑥ ⑥差分に基づく更新を実行

　.ui.toot_list.TootListViewModelを**リスト44.2**のように変更します。これまではLiveData
が保持した1つのリストのインスタンスを変更していました。DiffUtilの導入により、更新
前と更新後の2つのリストを用意しています。

○リスト 44.2：.ui.toot_list.TootListViewModel

```
    fun loadNext() {
        coroutineScope.launch {
            // 省略
            val tootListSnapshot = tootList.value ?: ArrayList()

            val maxId = tootListSnapshot.lastOrNull()?.id
            try {
                val tootListResponse = when (timelineType) {
                    // 省略
                }
-               tootListSnapshot.addAll(tootListResponse)
-               tootList.postValue(tootListSnapshot)
+               val newTootList = ArrayList(tootListSnapshot)     ①
+                   .also {
+                       it.addAll(tootListResponse)              ②
+                   }
+               tootList.postValue(newTootList)                   ③
                hasNext = tootListResponse.isNotEmpty()
            } catch (e: HttpException) {
                // 省略
            } catch (e: IOException) {
                // 省略
            } finally {
                isLoading.postValue(false)
            }
        }
    }

    // 省略

    fun delete(toot: Toot) {
        coroutineScope.launch {
            try {
                tootRepository.delete(toot.id)
-               val tootListSnapshot = tootList.value
-               tootListSnapshot?.remove(toot)
-               tootList.postValue(tootListSnapshot)
+               val tootListSnapshot = tootList.value ?: ArrayList()
+               val newTootList = ArrayList(tootListSnapshot)     ④
+                   .also {
+                       it.remove(toot)                          ⑤
+                   }
+               tootList.postValue(newTootList)                   ⑥
            } catch (e: HttpException) {
                // 省略
            } catch (e: IOException) {
                // 省略
            }
        }
    }
```

① 既存のリストを元に新しいリストのインスタンスを生成

② 取得した要素を新しいリストにリストに追加

③ LiveDataに新しいリストを入れて変更を伝える

④ 既存のリストを元に新しいリストのインスタンスを生成

⑤ 削除した要素を新しいリストから取り除く

⑥ LiveDataに新しいリストを入れて変更を伝える

.ui.toot_list.TootListFragment を**リスト44.3**のように変更します。

○リスト44.3：.ui.toot_list.TootListFragment

```kotlin
override fun onViewCreated(view: View, savedInstanceState: Bundle?) {
    super.onViewCreated(view, savedInstanceState)

-   val tootListSnapshot = viewModel.tootList.value ?: ArrayList<Toot>().also {
-       viewModel.tootList.value = it
-   }

-   adapter = TootListAdapter(layoutInflater, tootListSnapshot, this)
+   adapter = TootListAdapter(layoutInflater, lifecycleScope,this)
    layoutManager = LinearLayoutManager(
        requireContext(),
        LinearLayoutManager.VERTICAL,
        false)
    val bindingData: FragmentTootListBinding? = DataBindingUtil.bind(view)
    binding = bindingData ?: return

    // 省略

    viewModel.accountInfo.observe(viewLifecycleOwner, Observer {
        showAccountInfo(it)
    })
    viewModel.tootList.observe(viewLifecycleOwner, Observer {
-       adapter.notifyDataSetChanged()
+       adapter.tootList = it        ①
    })

    viewLifecycleOwner.lifecycle.addObserver(viewModel)
}
```

① 添付画像のリストが変更されると、差分計算と更新を実行

 投稿編集画面から添付画像を選ぶと、図44.1のように添付画像のプレビューが表示されます。

Step 45 投稿に画像を添付する

投稿するTootに画像を添付する機能を追加します。添付する画像は、デバイスに保存されている画像を選択できるようにします。

画像の添付機能の追加は、次の手順で行います。

- レイアウトを調整
- Repository を作成
- LocalMedia クラスを作成
- ViewModel を調整
- 添付画像を選択

レイアウトを調整

画像選択の操作の起点になるボタンを追加します。Material Designのサイトから**図45.1**のアイコンを取得して、res/drawable-xxxhdpiディレクトリに配置します。

fragment_toot_edit.xmlを**リスト45.1**のように変更します。

○図45.1：

※add_to_photos（black, 24dp）

○リスト45.1：res/layout/fragment_toot_edit.xml

```xml
    <androidx.constraintlayout.widget.ConstraintLayout
        android:layout_width="match_parent"
        android:layout_height="match_parent">

        <com.google.android.material.textfield.TextInputEditText
            android:id="@+id/status"
            android:layout_width="match_parent"
-           android:layout_height="match_parent"
+           android:layout_height="0dp"
            android:hint="いまなにをしていますか"
+           app:layout_constraintBottom_toTopOf="@+id/add_media"
            app:layout_constraintEnd_toEndOf="parent"
            app:layout_constraintStart_toStartOf="parent"
            app:layout_constraintTop_toTopOf="parent" />

+       <androidx.appcompat.widget.AppCompatImageButton
+           style="@style/Widget.AppCompat.Button.Borderless"    ①
+           android:id="@+id/add_media"
+           android:layout_width="wrap_content"
+           android:layout_height="wrap_content"
+           android:src="@drawable/baseline_add_to_photos_black_24"
+           app:layout_constraintBottom_toBottomOf="parent"
+           app:layout_constraintStart_toStartOf="parent" />
    </androidx.constraintlayout.widget.ConstraintLayout>
```

① 背景なしのスタイルを指定

このレイアウトをデザインビューで見ると**図45.2**のようになります。

○図45.1：

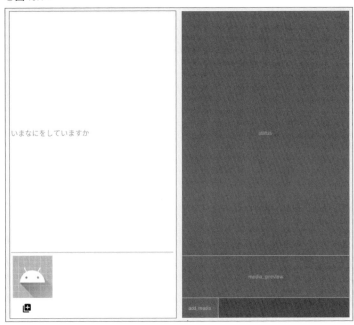

Repositoryを作成

　添付する画像（メディア）を扱うためのRepositoryを作成します。パッケージ.repositoryにクラスMediaRepositoryを作成して**リスト45.2**のようにします。

○リスト45.2：.repository.MediaRepository

```kotlin
package io.keiji.sample.mastodonclient.repository

import android.app.Application
import android.graphics.Bitmap
import android.net.Uri
import android.provider.MediaStore
import kotlinx.coroutines.Dispatchers
import kotlinx.coroutines.withContext
import java.io.File
import java.io.FileOutputStream

class MediaFileRepository(application: Application) {

    private val contentResolver = application.contentResolver        ①

    private val saveDir = application.filesDir        ②
```

```
    suspend fun readBitmap(
        mediaUri: Uri
    ): Bitmap = withContext(Dispatchers.IO) {
        @Suppress("DEPRECATION")
        return@withContext MediaStore.Images.Media.getBitmap(
            contentResolver,
            mediaUri
        )
    }

    suspend fun saveBitmap(
        bitmap: Bitmap
    ): File = withContext(Dispatchers.IO) {
        val tempFile = createTempFile(
            directory = saveDir,
            prefix = "media",
            suffix = ".jpg"
        )
        FileOutputStream(tempFile).use {
            bitmap.compress(
                Bitmap.CompressFormat.JPEG, 100, it)
        }
        return@withContext tempFile
    }

}
```

① ContentProvider が管理するデータへアクセスするためのオブジェクト
② アプリケーション固有のデータ領域を示す File オブジェクト
③ mediaUri が示す画像データを読み込んで Bitmap オブジェクトを返す
④ メディアを管理する ContentProvider へのアクセスを提供するユーティリティクラス
⑤ Bitmap オブジェクトを一時ファイルとして保存して File オブジェクトを返す
⑥ ファイル名が media から始まり、.jpg で終わる一時ファイルを作成
⑦ 一時ファイルを書き込み用に開く
⑧ Bitmap オブジェクトを JPEG でエンコードして保存

　　ContentProvider は、Android のシステムコンポーネントの1つです。アプリがデータを保存するデータ領域は、通常はデータを保存したアプリ自身からしかアクセスできません。ContentProvider はアプリが管理するデータを一定の規則に則って公開する仕組みです。
　　たとえば、カメラアプリで撮った画像や動画は、撮影したカメラアプリだけでなく、ギャラリーアプリをはじめとした他のアプリから見られます。これはカメラアプリとギャラリーアプリの双方が、Android のシステムが用意している ContentProvider を通じてデータにアクセスしているためです。

LocalMediaクラスを作成

ContentProviderから取得して、ローカルにコピーしたメディアを表すクラスLocalMedia
を追加します。パッケージ.entityにクラスLocalMediaを作成して**リスト45.3**のよう
にします。

○リスト45.3：.entity.LocalMedia

```kotlin
package io.keiji.sample.mastodonclient.entity

import android.os.Parcelable
import kotlinx.android.parcel.Parcelize
import java.io.File

@Parcelize
data class LocalMedia(
    val file: File,
    val mediaType: String
) : Parcelable {
}
```

ViewModelを調整

ViewModelで添付画像情報を保持します。.ui.toot_edit.TootEditViewModel
を**リスト45.4**のようにします。

○リスト45.4：.ui.toot_edit.TootEditViewModel

```kotlin
    import android.app.Application
+   import android.net.Uri
    import android.text.Editable
    import androidx.lifecycle.AndroidViewModel
    import androidx.lifecycle.MutableLiveData
+   import io.keiji.sample.mastodonclient.entity.LocalMedia
+   import io.keiji.sample.mastodonclient.repository.MediaFileRepository
    import io.keiji.sample.mastodonclient.repository.TootRepository
    // 省略
    import retrofit2.HttpException
+   import java.io.IOException
    import java.net.HttpURLConnection
+   import javax.xml.transform.OutputKeys.MEDIA_TYPE

    class TootEditViewModel(
            private val instanceUrl: String,
            private val username: String,
            private val coroutineScope: CoroutineScope,
            application: Application
    ) : AndroidViewModel(application) {
        private val userCredentialRepository = UserCredentialRepository(
            application
        )
```

```
+          private val mediaFileRepository = MediaFileRepository(application)

           val loginRequired = MutableLiveData<Boolean>()

           // 省略

           fun postToot(status: Editable?) {
               // 省略
           }

+          val mediaAttachments = MutableLiveData<ArrayList<LocalMedia>>()        ①

+          fun addMedia(mediaUri: Uri) {
+              coroutineScope.launch {
+                  try {
+                      val bitmap = mediaFileRepository.readBitmap(mediaUri)      ③
+                      val tempFile = mediaFileRepository.saveBitmap(bitmap)      ④
+
+                      val newMediaAttachments = ArrayList<LocalMedia>()
+                      mediaAttachments.value?.also {
+                          newMediaAttachments.addAll(it)                        ⑤  ②
+                      }
+                      newMediaAttachments.add(LocalMedia(tempFile, MEDIA_TYPE))   ⑥
+                      mediaAttachments.postValue(newMediaAttachments)            ⑦
+
+                  } catch (e: IOException) {
+                      handleMediaException(mediaUri, e)                          ⑧
+                  }
+              }
+          }

+          private fun handleMediaException(mediaUri: Uri, e: IOException) {
+              errorMessage.postValue("メディアを読み込めません ${e.message} ${mediaUri}")
+          }
       }
```

① 添付メディアの更新を伝える LiveData
② 添付メディアを追加する。mediaUri は ContentProvider 上でのデータを指し示す。
③ mediaUri が指し示す画像を ContentProvider から取得して Bitmap オブジェクトを取得
④ Bitmap オブジェクトをアプリのファイル領域に一時ファイルとして保存
⑤ 添付メディアのリストの新しいインスタンスを生成。現在の添付メディアのリストを追加
⑥ 追加されたメディアを新しいリストに追加
⑦ LiveData に設定して UI に更新を伝える
⑧ メディアが読み込めなかった場合のエラー処理

添付画像を選択

　添付画像を一覧表示して選択します。画像の一覧表示や選択の画面は、インストールされているギャラリーなどのアプリに依頼します。.ui.toot_edit.TootEditFragment をリスト45.5のようにします。

○リスト45.5：.ui.toot_edit.TootEditFragment

```kotlin
package io.keiji.sample.mastodonclient.ui.toot_edit

import android.app.Activity
import android.content.Context
// 省略

class TootEditFragment : Fragment(R.layout.fragment_toot_edit) {

    companion object {
        val TAG = TootEditFragment::class.java.simpleName

        private const val REQUEST_CODE_LOGIN = 0x01
        private const val REQUEST_CHOOSE_MEDIA = 0x02        ①

        fun newInstance(): TootEditFragment {
            return TootEditFragment()
        }
    }

    // 省略

    override fun onViewCreated(view: View, savedInstanceState: Bundle?) {
        super.onViewCreated(view, savedInstanceState)

        val bindingData: FragmentTootEditBinding? = DataBindingUtil.bind(view)
        binding = bindingData ?: return

        bindingData.addMedia.setOnClickListener {
            openMediaChooser()                               ②
        }

        viewModel.loginRequired.observe(viewLifecycleOwner, Observer {
            // 省略
        })
        // 省略
    }

    private fun openMediaChooser() {
        val intent = Intent(Intent.ACTION_OPEN_DOCUMENT).apply {
            addCategory(Intent.CATEGORY_OPENABLE)
            type = "image/*"                                 ③
        }
        startActivityForResult(intent, REQUEST_CHOOSE_MEDIA)
    }

    override fun onActivityResult(requestCode: Int, resultCode: Int, data: Intent?) {
        super.onActivityResult(requestCode, resultCode, data)

        val uri = data?.data
        if (requestCode == REQUEST_CHOOSE_MEDIA             ④
            && resultCode == Activity.RESULT_OK             ⑤
            && uri != null) {                               ⑥
            viewModel.addMedia(uri)                         ⑦
        }
    }

    private fun launchLoginActivity() {
        // 省略
    }
```

① 画像選択画面（Activity）からの結果を識別するためのリクエストコードを定義

② 画像の添付ボタンをタップしたときのイベントリスナー

③ 画像選択画面を呼び出す

④ requestCode が画像選択画面（Activity）を起動した時のものと一致するかを判定

⑤ resultCode を判定。画像を選択済みの場合RESULT_OK となる

⑥ ContentProvider で選択された画像を指し示すURI

⑦ 添付画像を追加

 ## Step 46　画像をアップロードする

選択した画像をアップロードして投稿します。画像のアップロードは次の手順で行います。

・ APIの定義（メディアのアップロード）

・ Repository を調整

・ EditViewModel を調整

APIを定義（メディアのアップロード）

メディアを添付してTootを投稿します。実際の投稿は2段階で行います。まずはじめに画像を1枚ずつアップロードして、それぞれの画像に対応する「id」を取得します。次に、アップロード済みの画像のidを添付してTootを投稿します。

メディアのアップロードに関するAPIのドキュメントは、次のURLで確認できます。

URL https://docs.joinmastodon.org/methods/statuses/media/

.MastodonApi を**リスト46.1**のように変更します。

○リスト46.1：.MastodonApi

```
      import io.keiji.sample.mastodonclient.entity.Account
+     import io.keiji.sample.mastodonclient.entity.Media
      import io.keiji.sample.mastodonclient.entity.ResponseToken
      import io.keiji.sample.mastodonclient.entity.Toot
+     import okhttp3.MultipartBody
      import retrofit2.http.DELETE
      // 省略
      import retrofit2.http.Header
+     import retrofit2.http.Multipart
      import retrofit2.http.POST
+     import retrofit2.http.Part
      import retrofit2.http.Path
      import retrofit2.http.Query
```

```
interface MastodonApi {

    @FormUrlEncoded
    @POST("api/v1/statuses")
    suspend fun postToot(
            @Header("Authorization") accessToken: String,
-           @Field("status") status: String
+           @Field("status") status: String,
+           @Field("media_ids[]") mediaIds: List<String>? = null        ①
    ): Toot

+   @Multipart        ②
+   @POST("api/v1/media")
+   suspend fun postMedia(
+           @Header("Authorization") accessToken: String,
+           @Part file: MultipartBody.Part        ③
+   ): Media
```

① 添付するアップロード済みMediaのIDリスト。デフォルト値はnull（フィールドを送信
しない）

② Multipart（multipart/form-data）で送信

③ アップロードする画像データ

④ アップロードしたメディアの情報をMediaオブジェクトで返す

Repositoryを調整

`.repository.TootRepository`を**リスト46.2**のように変更します。

○リスト46.2：.repository.TootRepository

```
    import io.keiji.sample.mastodonclient.MastodonApi
+   import io.keiji.sample.mastodonclient.entity.Media
    import io.keiji.sample.mastodonclient.entity.Toot
    // 省略
    import kotlinx.coroutines.withContext
+   import okhttp3.MediaType
+   import okhttp3.MultipartBody
+   import okhttp3.RequestBody
    import retrofit2.Retrofit
    import retrofit2.converter.moshi.MoshiConverterFactory
+   import java.io.File

    class TootRepository(
            private val userCredential: UserCredential
    ) {

        suspend fun postToot(
-               status: String
+               status: String,
+               mediaIds: List<String>? = null        ①
        ): Toot = withContext(Dispatchers.IO) {
```

```
            return@withContext api.postToot(
                "Bearer ${userCredential.accessToken}",
-               status
+               status,
+               mediaIds
            )
        }

+       suspend fun postMedia(
+           file: File,
+           mediaType: String
+       ): Media = withContext(Dispatchers.IO) {
+
+           val part = MultipartBody.Part.createFormData(
+               "file",
+               file.name,
+               RequestBody.create(MediaType.parse(mediaType), file)
+           )
+
+           return@withContext api.postMedia(
+               "Bearer ${userCredential.accessToken}",
+               part
+           )
+       }
    }
```

① 添付するアップロード済みMediaのIDリストを引数に追加。デフォルト値はnull
② 画像（ファイル）をアップロードする。アップロードしたメディアの情報をMediaオブジェクトで返す
③ FileオブジェクトからMultipartデータを作成
④ 画像のアップロードを実行

ViewModelを調整

　添付画像のアップロードと投稿を実装します。`.ui.toot_edit.TootEditViewModel`をリスト46.3のように変更します。

○リスト46.3：.ui.toot_edit.TootEditViewModel

```
fun postToot(status: Editable?) {
    if (status == null || status.isBlank()) {
        errorMessage.postValue("投稿内容がありません")
        return
    }

    coroutineScope.launch {
        val credential = userCredentialRepository.find(instanceUrl, username)
        if (credential == null) {
            loginRequired.postValue(true)
```

```
        return@launch
    }
    val tootRepository = TootRepository(credential)
    try {
+       val uploadedMediaIds = mediaAttachments.value?.map {    ①
+           tootRepository.postMedia(it.file, it.mediaType)    ②
+       }?.map { it.id }    ③

        tootRepository.postToot(
-           statusSnapshot
+           statusSnapshot,
+           uploadedMediaIds    ④
        )
        postComplete.postValue(true)
    } catch (e: HttpException) {
        // 省略
+   } catch (e: IOException) {
+       errorMessage.postValue(
+           "サーバーに接続できませんでした。${e.message}"
+       )
    }
  }
}
```

① 添付画像があれば1枚ずつ処理
② 添付画像をアップロード
③ アップロード済みMediaのIDを取り出してリストに変換
④ 画像を添付して投稿

◯図46.1：

　アプリを実行して投稿画面を開き、画像を追加するボタンをタップするとギャラリーアプリが開きます（**図46.1**）。写真を選択すると投稿画面に戻る。投稿内容を入力して投稿ボタンを押すと画像のアップロードと投稿処理が実行され、投稿が終わるとタイムライン表示に戻ります。

Tips　プロファイラーとは

　サーバーとの通信に失敗したときに原因を究明することは容易ではありません。画像の添付を例に言えば、うまく投稿できないという問題が起きたとして、調査すべき点はいくつもあります。

・メディアのアップロードで失敗しているのか。

・メディアのアップロードは完了しているが、次の投稿で失敗しているのか。

・そもそも投稿処理が実行されていない可能性はないか。

アプリはサーバーにどんなリクエストを
送信して、サーバーはどんなレスポンスを
返してきているのでしょうか。さまざまな
情報をログに出力して、実際に操作をして
ログを追いながら対処していくのは非常に
負荷の高い作業です。

○図46.2：

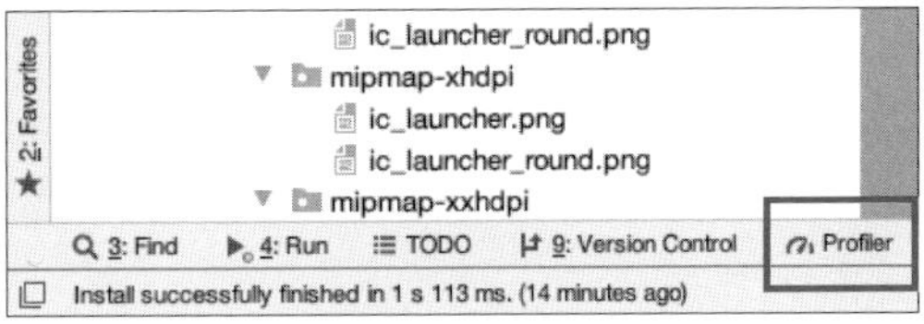

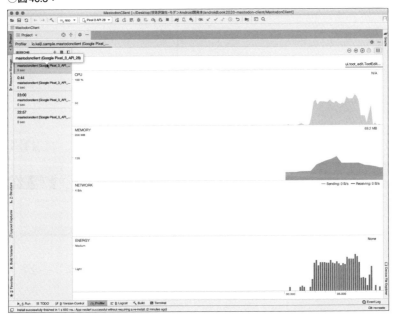

幸いなことにAndroid Studioは高機能なプロファイラーを搭載しています。プロファイ
ラーを使えば、ネットワーク通信の状態を簡単に確認できます。

プロファイラーを使うには、Android Studioの下端のメニュー（**図46.2**）から［Profiler］
をクリックします。

すでにアプリをデバッグ実行していれば、プロファイラーは動作しているアプリの状態を
ほぼリアルタイムに表示します（**図46.3**）。

［NETWORK］のグラフをクリックすると、ネットワークトラフィックの詳細がグラフで
表示されます。グラフは、左から右へと時系列で変化し、縦軸は通信量で、通信が発生して
いればグラフ上で確認できます。

○図46.3：

グラフの一部をドラッグして選択すると、選択した領域（時間）で発生した通信の一覧を見ることができます（**図46.4**）。一覧では、どこのURLに向けた通信か、サーバーからのレスポンス（ステータスコード）、通信にかかった時間が確認できます。

○図46.4：

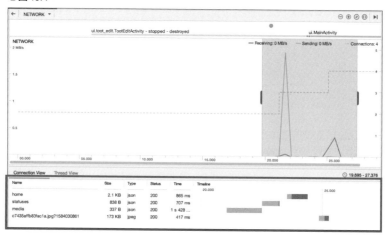

一覧から通信を選択すると、さらに詳細を見ることができます。詳細情報ではリクエストに使ったメソッドから、実際にレスポンスのContent typeや実際にやりとりしたJSONデータのみならず、ダウンロードした画像のプレビューにも対応しています（**図46.5**、**図46.6**）。

○図46.5：

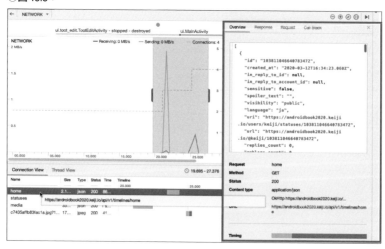

○図46.6：

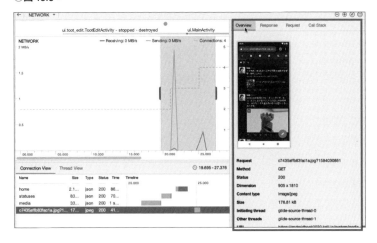

　なお、高機能プロファイラーは、エミュレーターと、API Level 26未満の実機に対応しています。実機の場合は実行時の設定（Configuration）で有効にする必要があります。

　ネットワークの詳細をプロファイリングしたい場合、ネットワーク接続にHttpURL ConnectionかOkHttpライブラリを使う必要があります（Retrofit2はネットワーク接続にOkHttpを使用しています）。

○図46.7：

　ネットワーク以外にもメモリやCPUの利用状況など、さまざまなプロファイラーが用意されているので、一通り触っておくことを強くお勧めします。

おわりに

　ここまでMastodonクライアントを開発してきました。ここを読んでいる方はすでにおわかりとは思いますが、Mastodonクライアントのアプリとして見れば、完成にはほど遠い状態です。

　Mastodonは、Web APIを通じてあらゆることができるようになっています。アカウントのフォローやダイレクトメッセージ、ブックマークにお気に入り、リスト管理、タイムライン検索、インスタンスへのアプリの登録まで、「普通に使えるMastodonクライアント」を完成させるのは遠い道のりです。

　しかし、あらゆることに共通する基本作業もあります。皆さんが本書で繰り返した画面の作成に関する一連の作業などがそうです。基本作業を反復する中で、初めて使うAPIが出てきたり、新しいライブラリとの出会いを通じてできることを広げていく。本書を通じて、その出発点に立つお手伝いができたのなら、著者としてこれ以上の喜びはありません。

コードについて

　掲載している開発過程は、あくまで書籍用にアレンジしたものです。実務のアプリ開発ではここまでスムーズにはいきません。

　もしあなたが自分のアプリを作るときに、この本と同じようにスムーズに開発を進められなくても、それが当然だと思ってください。

　筆者は今回のソースコードと過程を作成するために、3回ほど作り直していますし、Gitの履歴管理もrebaseを重ねて、余計な変更が出ないように調整を重ねています。では、もう改善できる点がないほど素晴らしいものになったかと聞かれれば、やはり満足はしていない部分もあります。

謝辞

　この文章を書いているとき（2020年3月）、新型コロナウイルス感染症（COVID-19）が深刻さを増しています。

　不要不急の外出自粛の要請に、東京の封鎖も現実味を帯びてきました。

　足下が落ち着かない中、執筆を続けるのは正直つらいものがありました。そんな状勢で、原稿をまとめあげてくれた技術評論社の取口敏憲さんには感謝してもしきれません。本当にありがとうございます。

　そして、すぐそばで支えてくれた妻と、賑やかに励ましてくれた子どもたちにも、心からお礼を言います。

　家族と世界に、1日も早く平和な日常が戻りますように。

■著者紹介

有山 圭二（ありやま けいじ）
大阪市のソフトウェア開発会社 ㈲シーリスの代表。Android アプリの開発は、2007年11月に Android が発表された当時から手がけている。Android アプリケーションの受託開発や、Android に関するコンサルティングの傍ら、趣味で機械学習をしたり、3D プリンターで遊んだり、技術系同人誌を執筆したりしている。著書に『Android Studio ではじめる簡単 Android アプリ開発』（技術評論社）、『TensorFlow はじめました』シリーズ（インプレス）がある。

- ●装丁　　　　　　　　　　小島トシノブ（NONdesign）
- ●本文デザイン／レイアウト　朝日メディアインターナショナル株式会社
- ●編集　　　　　　　　　　取口敏憲

■お問い合わせについて

　本書に関するご質問は、本書に記載されている内容に関するもののみとさせていただきます。本書の内容と関係のないご質問につきましては、いっさいお答えできませんので、あらかじめご了承ください。また、電話でのご質問は受け付けておりませんので、本書サポートページを経由していただくか、FAX・書面にてお送りください。

＜問い合わせ先＞
●本書サポートページ
　https://gihyo.jp/book/2020/978-4-297-11343-8
　本書記載の情報の修正・訂正・補足などは当該 Web ページで行います。

● FAX・書面でのお送り先
　〒 162-0846　東京都新宿区市谷左内町 21-13
　株式会社技術評論社　雑誌編集部
　「作って学ぶ Android アプリ開発 [Kotlin 対応]」係
　FAX：03-3513-6173

　なお、ご質問の際には、書名と該当ページ、返信先を明記してくださいますよう、お願いいたします。
　お送りいただいたご質問には、できる限り迅速にお答えできるよう努力いたしておりますが、場合によってはお答えするまでに時間がかかることがあります。また、回答の期日をご指定なさっても、ご希望にお応えできるとは限りません。あらかじめご了承くださいますよう、お願いいたします。

作って学ぶ Android アプリ開発 [Kotlin 対応]

2020 年 4 月 30 日　初版　第 1 刷発行

著　者　　有山圭二

発行者　　片岡　巌
発行所　　株式会社技術評論社
　　　　　東京都新宿区市谷左内町 21-13
　　　　　TEL：03-3513-6150（販売促進部）
　　　　　TEL：03-3513-6177（雑誌編集部）
印刷／製本　図書印刷株式会社

定価はカバーに表示してあります。

造本には細心の注意を払っておりますが、万一、乱丁（ページの乱れ）や落丁（ページの抜け）がございましたら、小社販売促進部までお送りください。送料小社負担にてお取り替えいたします。

ISBN978-4-297-11343-8　C3055

Printed in Japan